贵州省采矿工程一流专业建设（培育）项目（黔教办高[2017]86号）
贵州省第二批国家级采矿工程专业综合改革试点项目（黔教高发[2013]446号）
贵州省采矿工程省级特色专业项目（黔教高发[2012]426号）

采矿工程专业实验指导书

编　著　魏中举　谢小平　艾德春　杨军伟

中国矿业大学出版社

内 容 简 介

本书是在采矿工程专业实验教学大纲的基础上,参考全国各煤炭高校的实验指导经验编写而成。内容主要包括采矿工程专业课内实验、独立实验、开放实验等。课内实验涵盖了煤矿开采学、矿山压力与岩层控制、井巷工程、矿井通风与安全等主干专业课程的实验部分;独立实验为岩石力学实验,涵盖了六个实验内容;开放实验涵盖了地质、机械等实验内容。

本书可供采矿工程专业本科生作为教材使用。

图书在版编目(C I P)数据

采矿工程专业实验指导书/魏中举等编著.—徐州:
中国矿业大学出版社,2018.3
ISBN 978 - 7 - 5646 - 3925 - 9

Ⅰ.①采… Ⅱ.①魏… Ⅲ.①矿山开采—实验—高等
学校—教学参考资料 Ⅳ.①TD82-33

中国版本图书馆 CIP 数据核字(2018)第 053058 号

书　　名	采矿工程专业实验指导书
编　　著	魏中举　谢小平　艾德春　杨军伟
责任编辑	王美柱
出版发行	中国矿业大学出版社有限责任公司
	(江苏省徐州市解放南路　邮编221008)
营销热线	(0516)83885307　83884995
出版服务	(0516)83885767　83884920
网　　址	http://www.cumtp.com　E-mail:cumtpvip@cumtp.com
印　　刷	江苏淮阴新华印刷厂
开　　本	787×1092　1/16　**印张** 10.5　**字数** 262 千字
版次印次	2018 年 3 月第 1 版　2018 年 3 月第 1 次印刷
定　　价	25.80 元

(图书出现印装质量问题,本社负责调换)

前　言

实验教学能有效地培养学生的动手操作能力、观察能力、创造性思维能力、科学研究能力、数据处理能力等,而实验教学指导书在实验教学中具有无可替代的作用。本书的编写主要是为了充分发挥实验教学在激发学生的创新精神、培养学生的实践动手能力等方面的重要作用,形成较为完整的采矿工程专业实验教学体系。

本书分为三篇:采矿工程专业课内实验、独立实验、开放实验,共十五章内容。本书的编写结合了采矿工程专业的培养要求,涵盖了采矿工程主要专业课程的实验内容,另外增加了部分选做实验和开放实验。通过这些实验,使学生能较好地巩固课堂所学的专业理论知识,熟练使用专业仪器设备,同时培养学生严谨的科学实验态度。在本书编写过程中,编者力求从实验教学出发,配合理论课程,阐明实验基本原理与实验步骤,并辅以思考题。本书可供采矿工程专业本科生作为教材使用,也可供安全工程等相关专业学生学习参考。

本书是在六盘水师范学院矿业与土木工程学院采矿工程专业自编实验指导书(内部讲义)的基础上完成的,其中,第一、二、六章由江伟、张彩红编写;第三、十五章由刘永志编写;第四章由刘鸿、张太乐编写;第五章由余芳芳编写;第七章由陈才贤、梁华杰、魏中举编写;第八章由杨付领、岳虎编写;第九章由杨军伟、李健编写;第十章由魏中举编写;第十一章由艾德春、刘建刚编写;第十二章由谢小平、刘洪洋编写;第十三章由魏中举编写;第十四章由刘小亮编写。本书在编写过程中,得到了六盘水师范学院矿业与土木工程学院的领导和老师的大力支持,在此,笔者表示衷心的感谢!

本书在编写过程中参阅了许多煤炭类高校的实验大纲和指导书,未能完全标出,在此借本书出版的机会,向各有关单位和作者致以诚挚的感谢和歉意!

由于时间仓促及编者水平所限,书中难免存在疏漏和欠妥之处,恳请广大读者予以批评指正!

编　者
2018 年 1 月

目　录

第一篇　采矿工程专业课内实验

第二篇　采矿工程专业独立实验

第三篇　采矿工程专业开放实验

第一篇
采矿工程专业课内实验

第一章 "工程力学"实验

实验一 金属材料拉伸与压缩实验

一、实验目的

(1)通过对低碳钢和铸铁这两种不同性能的典型材料的拉伸、压缩破坏过程的观察和对实验数据、断口特征的分析,了解它们的力学性能特点。

(2)了解万能材料试验机的构造、原理和操作。

(3)测定典型材料的强度指标及塑性指标,低碳钢拉伸时的屈服极限(或下屈服极限),强度极限,延伸率,截面收缩率,压缩时的压缩屈服极限,铸铁拉伸、压缩时的强度极限。

二、实验仪器、设备

1. 电子万能材料试验机

试验机结构与原理——工程力学基本实验设备是静态万能材料试验机(图 1-1),能进行轴向拉伸、轴向压缩和三点弯曲等基本实验。试验机主要由机械加载、控制系统、测量系统等部分组成。当前试验机主要的机型是电子万能试验机,其加载是由伺服电机带动丝杠转动而使活动横梁上下移动而实现的。在活动横梁和上横梁(或工作台上)安装一对拉伸夹具或压缩弯曲的附件,就组成了加载空间。伺服控制系统则控制伺服电机在给定速度下匀

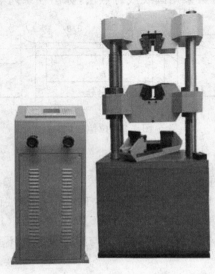

图 1-1 万能材料试验机结构图

速转动,实现不同速度下横梁移动或对被测试件加载。活动横梁的移动速度范围是 $0.05 \sim 500$ mm/min。

测量系统包括负荷测量、试件变形测量和横梁位移测量。负荷和变形测量都是利用电测传感技术,通过传感器将机械信号转变为电信号。负荷传感器安装在活动横梁上,通过万向联轴节和夹具与试件连在一起,测量变形的传感器一般称作引伸计,安装在试件上。横梁位移的测量是采用光电转换技术,通过安装在丝杠顶部的脉冲编码器将丝杠转动信号转变为脉冲信号。三路信号均经过信号调理电路变为标准的信号。

现在实验室用于工程力学教学的试验机全部是计算机控制的电子万能试验机,计算机控制的电子万能试验机用鼠标操作可完成试验机的各种功能,此外增加了数据文件存储、实验数据处理、实验曲线及结果打印等功能。

2. 试件

为了使实验结果具有可比性,且不受其他因素干扰,实验应尽量在相同或相似的条件下进行,国家为此制定了实验标准,其中包括对试件的规定。

(1)试件制备

拉伸实验的试件分为比例试件和定标距试件两种。比例试件是指按相似原理,原始标距 l_0 与试件截面积平方根 $\sqrt{A_0}$ 有一定的比例关系,即 $l_0 = K \sqrt{A_0}$。K 取 5.65 或 11.3,前者称短比例试件,后者称长比例试件,并修约到 5 mm,10 mm 的整倍数长。对圆试件,两者的 l_0 则分别为 $l_0 = 5d$,$l_0 = 10d$。一般推荐用短比例试件。定标距试件是指取规定 l_0 长度,与 $\sqrt{A_0}$ 无比例关系。

本实验取长比例圆试件。图 1-2 为一种圆试件图样,试件头部与平行部分要过渡缓和,以减少应力集中,其圆弧半径 r 依试件尺寸、材质和加工工艺而定,$d_0 = 10$ mm 的圆试件,$r > 4$ mm。试件头部形状依试验机夹头形式而定,要保证拉力通过试件轴线,不产生附加弯矩,其长度 H 至少为楔形夹具长度的 3/4。中部平行长度 $L_0 = l_0 + d_0$。为测定延伸率 δ,要在试件上标出原始标距 l_0,可采用画线或打点法,标出一系列等分格标记。

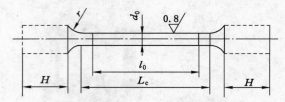

图 1-2 拉伸圆试件

(2)试件形式

压缩实验的试件有圆柱形、正方柱形和板状三种。本实验取圆柱形。为了既防止试件压弯,又使试件中段为均匀单向压缩(距端面小于 $0.5d_0$,受端面摩擦力影响,应力分布不是均匀单向的),其长度 L 限制为 $L = (2.5 \sim 3.5)d_0$,或 $L = (1 \sim 2.5)d_0$。为防止偏心受力引起的弯曲影响,对两端面的不平行度及它们与圆柱轴线的不垂直度也有一定要求。图1-3为圆柱形试件图样。

(3)试件尺寸测量

对拉伸试件,取标距的两端和中间共三个截面,每个截面测量相互垂直的两个直径,取

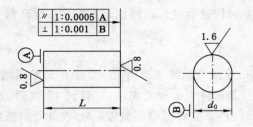

图 1-3　圆柱形压缩试件

两者的算术平均值为平均直径,取三个平均直径中最小者计算原始横截面积 A_0。

对压缩试件,测量长度一次,测量中间截面相互垂直的两个直径,取两者的算术平均值计算原始横截面积 A_0。

本实验用最小分度值为 0.02 mm 的游标卡尺为量具。

三、实验原理

1. 低碳钢的拉伸

实验原理如图 1-4 所示,首先,实验各参数的设置由 PC 传送给测控中心后开始实验,拉伸时,力传感器和引伸计分别通过两个通道将试件所受的载荷和变形连接到测控中心,经相关程序计算后,再在 PC 机上显示出各相关实验结果。

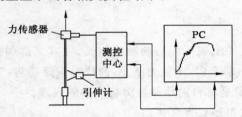

图 1-4　拉伸实验原理

以拉力 P 为纵坐标、伸长量 ΔL 为横坐标,所绘出的实验曲线图形称为拉伸图,即 P—ΔL 曲线。典型的低碳钢的拉伸 P—ΔL 曲线,可明显分为四个阶段(图 1-5)。

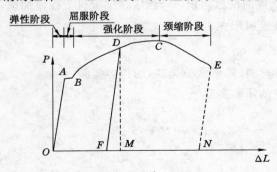

图 1-5　低碳钢拉伸 P—ΔL 曲线

(1)弹性阶段

拉伸初始阶段(OA 段)为弹性阶段,在此阶段若卸载,记录笔将沿原路返回到 O 点,变形完全消失,即弹性变形是可恢复的变形。特别是其前段,力 P 与变形 ΔL 呈正比关系,为斜直线。

（2）屈服阶段

实验进行到 A 点以后,在试件继续变形情况下,力 P 却不再增加,或呈下降,甚至反复多次下降,使曲线呈波形。若试件表面加工光洁,可看到 45°倾斜的滑移线。这种现象称为屈服,即进入屈服阶段（AB 段）。其特征值屈服极限 σ_s 表征材料抵抗永久变形的能力,是材料重要的力学性能指标。

（3）强化阶段

过了屈服阶段（B 点）,力又开始增加,曲线亦趋上升,说明材料结构组织发生变化,得到强化,需要增加荷载才能使材料继续变形。随着荷载增加,曲线斜率逐渐减小,直到 C 点,达到峰值,该点为抗拉极限荷载,即试件能承受的最大载荷。此阶段（BC 段）称强化阶段,若在强化阶段某点 D 卸去荷载,可看到记录笔沿与弹性阶段（OA）近似平行的直线（DF）降到 F点;若再加载,它又沿原直线（DF）升到 D 点,说明亦为线弹性关系,只是比原弹性阶段提高了。D 点的变形可分为两部分,即可恢复的弹性变形（FM 段）和残余（永久）的塑性变形（OF段）。这种在常温下冷拉过屈服阶段后呈现的性质,称为冷作硬化,常作为一种工艺手段,用于工程中以提高金属材料的线弹性范围。但此工艺亦同时削弱了材料的塑性,冷拉后的断后伸长（FN）比原来的断后伸长（ON）减少了。这种冷作硬化性质,只有经过退火处理,才能消失。

（4）颈缩阶段

实验达到 D 点后,试件出现不均匀的轴线伸长,在其某薄弱处,截面明显收缩,直到断裂,称颈缩现象。因截面不断削弱,承载力减小,曲线呈下降趋势,直到断裂点 E,该阶段（CE段）为颈缩阶段。颈缩现象是材料内部晶格剪切滑移的表现。

2. 脆性材料的拉伸（圆形截面铸铁）

铸铁等脆性材料拉伸时的载荷—变形曲线不像低碳钢拉伸那样明显地分为弹性、屈服、强化、颈缩四个阶段,而是一根接近直线的曲线,且载荷没有下降段。它是在非常小的变形下突然断裂的,断裂后几乎没有残余变形。只要测定它的强度极限 σ_b 就可以了。

实验前测定铸铁试件的横截面积 A_0,然后在试验机上缓慢加载,直到试件断裂,记录其最大载荷 P_b,求出其强度极限 σ_b。

四、实验内容

（1）低碳钢或脆性材料（圆形截面铸铁）的拉伸实验
（2）低碳钢或铸铁的压缩实验

五、实验步骤

1. 拉伸实验

（1）确定标距

选择适当的标距,并测量 l_0 的实际值。为了便于测量 l_1,将标距均分为若干格,如10 格。

（2）试件的测量

用游标卡尺在试件标距的两端和中央的三个截面上测量直径,每个截面在互相垂直的两个方向各测一次,取其平均值,并用三个平均值中最小者作为计算截面积的直径 d,并计算出 A_0 值。

(3) 仪器设备的准备

打开电子万能试验机右下角电源开关,打开计算机,进行测试软件的相关设定。

(4) 安装试件

试件先安装在试验机的上夹头内,再移动下夹头,使其达到适当的位置,并把试件下端夹紧。

(5) 试件加载、卸载

注意试件加载值不能超过比例极限。

(6) 测试

电子万能材料试验机操作步骤:

① 打开电子万能试验机右下角电源开关,再打开计算机主机电源。

② 静候数秒,以待机器系统检测。

③ 打开测试软件(选取相应测试程序,或直接在电脑桌面上双击程序图标)。

④ 按软件右下角【启动】按钮,以使程序与主机相连。

⑤ 点击软件左侧【调零】图标,以使各值清零。

⑥ 设定试样参数。

⑦ 点击【操作向导】按钮,进行相关设定。

其中〔第三步〕实验类型选择中,选择所需实验类型:如拉伸、压缩等;〔第七步〕实验过程控制设置中,第一阶段控制方式中选位移控制,低碳钢速率为 8 mm/min,铸铁速率为 2 mm/min;〔第九步〕实验正常结束控制参数选 60%;其他选项已设定好,不用重新设定。

⑧ 完成后,点击【试样参数】按钮,输入试样数量及对应的尺寸。

⑨ 在文件下拉菜单下的实验方法存储中储存文件。

⑩ 在主界面上输入储存文件名(报告编号)。

⑪ 开始夹试件,先夹上夹头(上夹头顺时针夹紧),夹到钳口的 3/4～4/5 处,利用软件上的按钮或手持按钮点动向下移动到合适位置,点【向下】按钮右键,出现移动速度设定,选 350。试件移动到钳口的 3/4～4/5 处,停止夹紧(下夹头逆时针夹紧)。

⑫ 点击【开始测试】图标,开始测试;如果出现曲线不正常,立即按 stop 键。

⑬ 测试终止后,先取出上夹头断裂试样,再取出下夹头断裂试样。程序自动计算测试结果并作出图表。

⑭ 将曲线图保存,进行图形分析,计算弹性模量。

⑮ 断裂试件的两断口对齐并尽量靠紧,测量断裂后标距段的长度 l_1;测量断口颈缩处的直径 d,计算断口处的横截面积 A,点击【试样参数】按钮,输入测量的数据得到断后伸长率,断面收缩率,记录计算结果,整理形成实验报告。

⑯ 保存测试结果文件,另存为 *.dat 格式的文件,退出程序。

⑰ 关闭主机电源,清理工作台。

2. 压缩实验

准备工作及实验方法与拉伸实验基本相同,先进行测试条件的设定,再移动水平横梁安装试件,注意置试件于其受力中心。控制横梁位置,使其停在无压接触位置,即上压头与试件空隙刚好消除。加载测试,平缓加载。因压缩试件较短,屈服不明显,要特别注意平稳,以免干扰屈服点测读。应力速率控制在每秒钟 $1\sim10$ N/mm^2,当出现屈服,按前述规定读取屈服荷载 P_{sc}。屈服结束,继续加载,使试件明显变形成鼓状,即可关机停止实验。下降平台,取下试件。

铸铁压缩实验的准备工作及实验方法与低碳钢压缩实验基本相同,但测定的是抗压强度 σ_{bc}。试件破坏前,注意观察力达到最高点后,要回摆一下,试件方破坏,这是剪切滑移所致。破坏后,读取最大荷载 P_{bc}。

六、实验报告要求

(1)填写实验目的与实验内容。

(2)填写实验原理。

(3)分析实验结果。

七、实验注意事项

注意材料拉伸和压缩的两个极限。

八、思考题

观察拉、压试件断口破坏特征,对照测试数据和 $P-\Delta L$ 曲线,分析两种材料的破坏原因和力学性能特点。拼拢拉伸试件断口,观察铸铁和低碳钢在拉伸时的断口位置,为什么铸铁大都断在根部? 比较两种材料的轴向伸长和横向收缩的差异。

实验二 金属材料扭转实验

一、实验目的

(1)学习了解微机控制扭转试验机的构造原理,并进行操作练习。

(2)确定低碳钢试样的剪切屈服极限 τ_s、剪切强度极限 τ_b。

(3)确定铸铁试样的剪切强度极限 τ_b。

(4)观察不同材料的试样在扭转过程中的变形和破坏现象。

二、实验仪器、设备

(1)RNJ—500 微机扭转试验机。整机结构如图 1-6 所示。

(2)游标卡尺。

采用圆形截面试件,直径 $d=10$ mm,标距 $l=100$ mm。试样加工如图 1-7 所示。

三、实验原理

金属材料的剪切机械性能,常用扭转破坏实验测定。由于试件受到扭矩作用后,材料完全处于纯剪切应力状态,因此,无论是塑性还是脆性材料,均可通过扭转破坏实验进行强度和塑性的测定。材料不同,其抗剪强度及破坏形式也就不同。对于低碳钢试件,当扭矩超过比例极限后,其横截面上的材料屈服区域逐渐由外向内扩展,直到占据大部分截面,这时,指示扭矩的测力几乎停止不动,但变形却在继续增加。

(1)低碳钢扭转下屈服点 τ_{s1}(也可用屈服点 τ_s)、抗扭强度 τ_b 的计算(图 1-8):

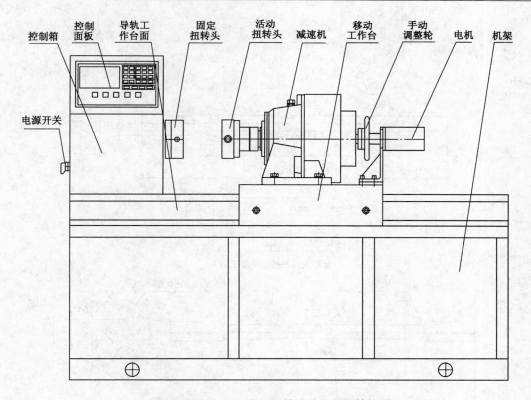

控制箱　控制面板　导轨工作台面　固定扭转头　活动扭转头　减速机　移动工作台　手动调整轮　电机　机架

电源开关

图 1-6　RNJ—500 微机扭转试验机整机结构图

$$\tau_\mathrm{s} = \frac{3T_\mathrm{s}}{4W_\mathrm{n}} \tag{1-1}$$

式中，$W_\mathrm{n} = \dfrac{\pi d^3}{16}$ 为抗扭截面模量。与求 τ_s 相似，低碳钢的抗扭强度 τ_b 可近似按下式计算：

$$\tau_\mathrm{b} = \frac{3T_\mathrm{b}}{4W_\mathrm{n}}$$

(2) 铸铁抗扭强度 τ_b 的计算(图 1-9)：铸铁的扭转曲线虽不是一直线，但是可以近似为一直线，其抗扭强度 τ_b 仍可近似地用圆轴受扭时的剪应力公式计算，即：

$$\tau_\mathrm{b} = \frac{T_\mathrm{b}}{W_\mathrm{n}} \tag{1-2}$$

由于低碳钢材料在纯剪切应力状态下，其抗正断能力高于抗剪断能力，故低碳钢试件将沿最大剪应力所在的横截面剪断，断口平齐，呈现了切断的特征。而铸铁材料在纯剪切应力状态下，其抗正断能力低于抗剪断能力，所以，铸铁试件将从其表面某一最弱处，沿与轴线呈 45°的螺旋状曲面被拉断，呈现正断断口的特征。

四、实验内容

(1) 低碳钢实验

(2) 铸铁实验

五、实验步骤

(1) 测量试件的直径和高度。测量试件两端及中部三处的截面直径，取三处中最小一

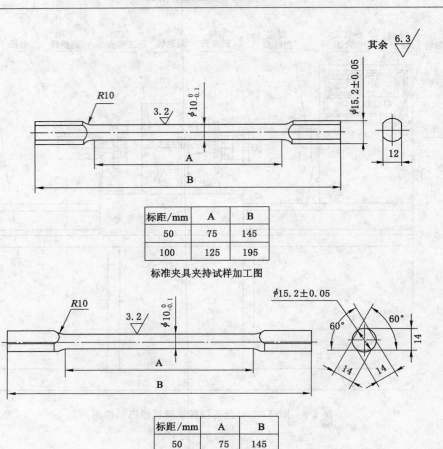

标距/mm	A	B
50	75	145
100	125	195

标准夹具夹持试样加工图

标距/mm	A	B
50	75	145
100	125	195

三爪卡盘夹持试样加工图

图 1-7　试样加工图

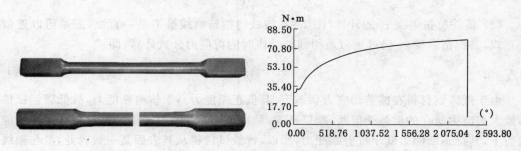

图 1-8　低碳钢扭转图

处的平均直径计算横截面面积。

（2）将试件放在试验机活动台球形支撑板中心处。

（3）设定试验方案和试验参数。对于低碳钢，要及时记录其屈服载荷，超过屈服载荷后，继续加载，将试件压成鼓形即可停止加载。铸铁试件加压至试件破坏为止。

（4）初值置零。

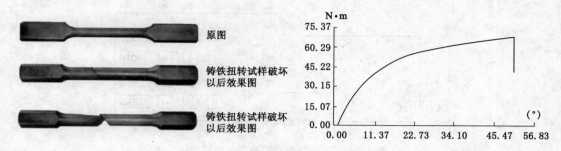

图 1-9 铸铁扭转图

（5）点击开始试验按钮,开始试验,试验结束自动停止,生成试验报告。

（6）安装下一根试样,重复上述步骤。

（7）直到所有试样全部试验结束。

（8）打印试验报告。

六、实验报告要求

（1）填写实验目的与实验内容。

（2）填写实验原理。

（3）分析实验结果。

七、实验注意事项

注意材料的疲劳极限。

八、思考题

（1）为何低碳钢压缩测不出破坏载荷,而铸铁压缩测不出屈服载荷?

（2）根据铸铁试件的压缩破坏形式分析其破坏原因,并与拉伸作比较?

（3）通过拉伸与压缩实验,比较低碳钢的屈服极限在拉伸和压缩时的差别?

（4）通过拉伸与压缩实验,比较铸铁的强度极限在拉伸和压缩时的差别?

实验三 梁弯曲正应力实验

一、实验目的

（1）学习使用电阻应变仪,初步掌握电测方法。

（2）测量纯弯曲梁上应变随高度的分布规律,验证平面假设的正确性。

二、实验仪器、设备

（1）纯弯曲梁实验装置。

（2）YE2538A 程控静态电阻应变仪（图 1-10）。

（3）温度补偿块。

三、实验原理

纯弯曲梁实验装置如图 1-11 所示,简支于 A、B 两点,在对称的 C、D 两点通过杠杆加载使梁产生弯曲变形,CD 梁受纯弯曲作用。在梁承发生纯弯曲变形梁段的侧面上,沿与轴

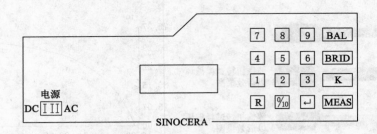

图 1-10　YE2538A 程控静态电阻应变仪

线平行的不同高度的线段上粘贴有五个应变片作为工作片,另外在梁的右支点以外粘贴有一个应变片作为温度补偿片。

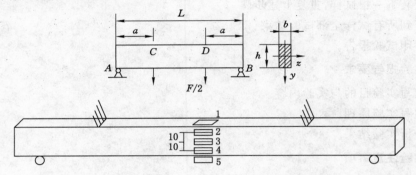

图 1-11　矩形截面梁的纯弯曲

将五个工作片和温度补偿片的引线以 1/4 桥公共补偿法形式分别接入电阻应变仪后面板上的五个通道中,组成五个电桥(其中工作片的引线接在每个电桥的 A 和 B 端,温度补偿片接在电桥的补偿 1 端上)。

当梁在载荷作用下发生弯曲变形时,工作片的电阻值将随着梁的变形而发生变化,通过电阻应变仪可以分别测量出各对应位置的应变值。根据胡克定律,可计算出相应的应力值。

由材料力学可知,矩形截面梁受纯弯时正应力公式为:

$$\sigma_{理} = \frac{My}{I_z} \tag{1-3}$$

式中,M 为弯矩;y 为中性轴至欲求应力点的距离;$I_z = \frac{1}{12}bh^3$ 为横截面对 z 轴的惯性矩。

本实验采用逐级等量加载的方法加载,每次增加等量的载荷 ΔP,测定各点相应的应变增量一次,即:初载荷为零,最大载荷为 500 N,等量增加的载荷 ΔP 为 100 N。分别取应变增量的平均值(修正后的值)$\overline{\Delta \varepsilon_{实}}$,求出各点应力增量的平均值 $\overline{\Delta \sigma_{实}}$。

$$\overline{\Delta \sigma_{实}} = E \cdot \overline{\Delta \varepsilon_{实}} \tag{1-4}$$

$$\overline{\Delta \sigma_{理}} = \frac{\Delta My}{I_z} \tag{1-5}$$

把测量得到的应力增量 $\overline{\Delta \sigma_{实}}$ 与理论计算出的应力增量 $\overline{\Delta \sigma_{理}}$ 加以比较,从而可以验证公式的正确性。

四、实验内容

(1) 打开 YE2538A 程控静态电阻应变仪电源,预热

(2) 接线

将应变片 1～8 按多点 1/4 桥公共补偿法对各测量片接线,即将试样上的应变片分别接在应变仪所选 1～8 通道的 A、B 端。所选通道 B、B′间的连接片均应连上。将补偿片接在补偿 1 的接线端子上。

(3) 设置参数

① 测力通道(0 通道)应设置两个参数。

按[←]、[0/10]键,0 通道和全桥形式指示灯亮。(注:a. [←]键的作用是保存数据,并回到待用状态;b. 若 0 通道指示灯未亮,而 10 通道指示灯亮,则再按一下[0/10]键,就能切换至 0 通道,因为 0、10 两通道共用[0/10]键)

按[←]、[K]键,再按数字键设置校正系数 2.04。(注:应在闪烁的数字设置)

按[←]、[R]键,再按数字键设置载荷限值 30 000。(达 30 000 就鸣叫报警,避免过载太多损坏试样)

② 对测应变的各通道分别设置参数,每个通道均应设置三个参数。

按[←]、(选择通道对应的)数字键、所选通道指示灯亮。

按[←]、[BRID]、[2](或[3])键,1/4 桥和补偿 1(或补偿 2)指示灯亮。(注:按[BRID]是设置桥路形式,"2"是使用补偿 1 的代号,"3"是使用补偿 2 的代号。设置的桥路形式应与接线一致)

按[←]、[K]键,再按数字键设置灵敏系数 2.04。(注:按[K]键有两个含意:对测力通道是设置校正系数;对测应变通道是设置应变片的灵敏系数)

按[←]、[R]键,再按数字键设置电阻(120)。(注:按[R]键有两个含意:对测力通道是设置载荷限值;对测应变通道是设置应变片的电阻值)。

(4) 平衡各通道电桥

使试样处于完全不受载状态,按[←]、[BAL]键,BAL 指示灯亮。再依次按各通道对应的数字键。仪器依次显示各通道的初始不平衡量,即 1～8 点有数字,并将该值存贮在仪器内。

(5) 测量

按[MEAS]键,MEAS 指示灯亮。按 1～8 点数字为 0 时,再缓慢加载,力显示屏(左屏)数字从 0 开始不断增加。每增加 100 N 加载,依次按各(应变通道对应的)数字键,右屏上就依次显示各点应变值,记录之。共加载五级计 500 N,然后卸载。重复步骤(5),共测量三次。数据应以表格形式记录。

注意:测量状态屏幕显示的力值是按[BAL]键以后增加的力。如果加载以后不卸载就按[BAL]键,则再按[MEAS]键以后,试样实际受的力将是按[BAL]键以前的力值与屏幕显示值之和,使实际受力远远超过屏幕显示值,很可能导致试样甚至力传感器因过载而损坏。所以一定要卸载以后再平衡。

五、实验步骤

(1) 求出各测量点在等量载荷作用下应变增量的平均值 $\overline{\Delta\varepsilon_测}$。

(2) 考虑到应变仪与应变片灵敏系数不同,按下式对应变增量的平均值 $\overline{\Delta\varepsilon_测}$ 进行修正,得到实际的应变增量平均值 $\overline{\Delta\varepsilon_实}$:

$$\overline{\Delta\varepsilon_实} = \frac{K_仪}{K_片}\overline{\Delta\varepsilon_测}\tag{1-6}$$

式中,$K_仪$,$K_片$ 分别为电阻应变仪和电阻应变片的灵敏系数。

(3) 以各测点位置为纵坐标,以修正后的应变增量平均值 $\overline{\Delta\varepsilon_实}$ 为横坐标,画出应变随试件高度变化曲线。

(4) 根据各测点应变增量平均值 $\overline{\Delta\varepsilon_实}$,计算测量的应力值 $\Delta\sigma_实 = E\overline{\Delta\varepsilon_实}$。

(5) 根据实验装置的受力图和截面尺寸,先计算横截面对 z 轴的惯性矩 I_z,再应用弯曲应力的理论公式,计算在等增量载荷作用下,各测点的理论应力增量值 $\overline{\Delta\sigma_理} = \frac{\Delta My}{I_z}$。

(6) 比较各测点应力的理论值和实验值,并按下式计算相对误差:

$$e = \frac{\overline{\Delta\sigma_理} - \overline{\Delta\sigma_实}}{\overline{\Delta\sigma_理}} \times 100\%\tag{1-7}$$

(7) 在梁的中性层内,因 $\sigma_理 = 0$,$\overline{\Delta\sigma_理} = 0$,故只需计算绝对误差。

(8) 比较梁中性层的应力。由于电阻应变片是测量一个区域内的平均应变,粘贴时又不可能正好贴在中性层上,所以只要实测的应变值是一个很小的数值,就可以认为测试是可靠的。

六、计算结果与数据处理

(1) 实测各点正应力

$\sigma_{1实} = E\Delta\varepsilon_{1平均} =$ (MPa)

$\sigma_{2实} = E\Delta\varepsilon_{2平均} =$ (MPa)

$\sigma_{3实} = E\Delta\varepsilon_{3平均} =$ (MPa)

$\sigma_{4实} = E\Delta\varepsilon_{4平均} =$ (MPa)

$\sigma_{5实} = E\Delta\varepsilon_{5平均} =$ (MPa)

(2) 理论各点正应力

弯矩增量平均值 $\Delta M = 1/2\Delta F_{平均}a =$ (N·mm)

轴惯性矩 $I_z = 1/12bh^3 =$ (mm⁴)

$\sigma_{1理} = \frac{\Delta My_1}{I_z} =$ (MPa)

$\sigma_{2理} = \frac{\Delta My_2}{I_z} =$ (MPa)

$\sigma_{3理} = \frac{\Delta My_3}{I_z} =$ (MPa)

$\sigma_{4理} = \frac{\Delta My_4}{I_z} =$ (MPa)

$\sigma_{5理} = \frac{\Delta My_5}{I_z} =$ (MPa)

（3）相对误差

计算结果填入表 1-1。

表 1-1 相对误差表

测点编号	1	2	3	4	5
相对误差 $\dfrac{\sigma_{理}-\sigma_{实}}{\sigma_{实}}\times100\%$					

七、实验报告要求

（1）填写实验目的与实验内容。

（2）填写实验原理。

（3）分析实验结果。

八、实验注意事项

注意材料的弯曲强度。

九、思考题

（1）影响实验结果准确性的主要因素是什么？

（2）在中性层上理论计算应变值 $\varepsilon_{理}=0$，而有时实际测量 $\varepsilon_{实}\neq0$，这是为什么？

实验四 弯扭组合作用下电测实验

一、实验目的

（1）测量薄壁圆管在弯曲和扭转组合变形下，其表面一点的主应力大小及方位。

（2）掌握用电阻应变花测量某一点主应力大小及方位的方法。

（3）将测点主应力值与该点主应力的理论值进行分析比较。

二、实验仪器、设备

（1）弯扭组合变形实验装置

如图 1-12 所示，装置上的薄壁圆管一端固定，另一端自由。在自由端装有与圆管轴线垂直的加力杆，该杆呈水平状态。载荷 F 作用于加力杆的自由端。此时，薄壁圆管发生弯曲和扭转的组合变形。在距圆管自由端为 L_1 的横截面的 A 上顶面和 B 下底面处各贴有一个 $45°$ 应变花，如图 1-12（b）所示。设圆管的外径为 D，内径为 d，载荷作用点至圆管轴线的距离为 L_2。

（2）静态电阻应变仪

（3）游标卡尺、钢尺等

三、实验内容

（1）测量薄壁圆管在弯曲和扭转组合变形下，其表面一点的主应力大小及方位。

（2）掌握用电阻应变花测量某一点主应力大小及方位的方法。

（3）将测点主应力值与该点主应力的理论值进行分析比较。

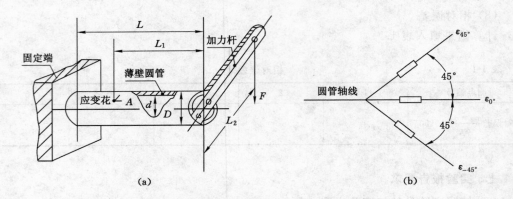

图 1-12　薄壁圆管主应力测量装置

四、实验步骤

（1）打开应变仪电源，预热。

（2）接线。

将应变片 1～6 按上方 A 点 $\varepsilon_{-45°}$、$\varepsilon_{0°}$、$\varepsilon_{45°}$，下方 B 点 $\varepsilon_{0°}$、$\varepsilon_{45°}$、$\varepsilon_{-45°}$ 的多点 1/4 桥公共补偿法对各测量片接线，即将试样上的应变片分别接在应变仪所选 1～6 通道的 A、B 端。所选通道 B、B' 间的连接片均应连上。将补偿片接在补偿 1 的接线端子上。

（3）设置参数。

① 测力通道（0 通道）应设置两个参数。

按 [←]、[0/10] 键，0 通道和全桥形式指示灯亮。（注：a. [←] 键的作用是保存数据，并回到待用状态；b. 若 0 通道指示灯未亮，而 10 通道指示灯亮，则再按一下 [0/10] 键，就能切换至 0 通道，因为 0、10 两通道共用 [0/10] 键）

按 [←]、[K] 键，再按数字键设置校正系数 2.08。（注：应在闪烁的数字设置）

按 [←]、[R] 键，再按数字键设置限值 30000。（达 30000 就鸣叫报警，避免过载太多损坏试样）

② 对测应变的各通道分别设置参数，每个通道均应设置三个参数。

按 [←]、（选择通道对应的）数字键，所选通道指示灯亮。

按 [←]、[BRID]、[2]（或 [3]）键，1/4 桥和补偿 1（或补偿 2）指示灯亮。（注：按 [BRID] 是设置桥路形式，"2" 是使用补偿 1 的代号，"3" 是使用补偿 2 的代号。设置的桥路形式应与接线一致）

按 [←]、[K] 键，再按数字键设置灵敏系数 2.08。（注：按 [K] 键有两个含意：对测力通道是设置校正系数；对测应变通道是设置应变片的灵敏系数）

按 [←]、[R] 键，再按数字键设置电阻（120）。（注：按 [R] 键有两个含意：对测力通道是设置载荷限值；对测应变通道是设置应变片的电阻值）

（4）平衡各通道电桥。

使试样处于完全不受载状态，按 [←]、[BAL] 键，BAL 指示灯亮。再依次按各通道对应的数字键。仪器依次显示各通道的初始不平衡量,即1~6点有数字,并将该值存贮在仪器内。

(5) 测量。

按[MEAS]键,MEAS指示灯亮。按1~6点数字为0时,再缓慢加载,力显示屏(左屏)数字从0开始不断增加。每增加10 N加载,依次按各(应变通道对应的)数字键,右屏上就依次显示各点应变值,记录之。共加载五级计50 N,然后卸载。重复步骤(5),共测量三次。数据应以表格形式记录。

注意:测量状态屏幕显示的力值是按[BAL]键以后增加的力。如果加载以后不卸载就按[BAL]键,则再按[MEAS]键以后,试样实际受的力将是按[BAL]以前的力值与屏幕显示值之和,使实际受力远远超过屏幕显示值,很可能导致试样甚至力传感器因过载而损坏。所以一定要卸载以后再平衡。

(6) 对于应变增量线性程度有明显差异的测点或测量片,分析产生原因,重复以上实验步骤,取其几次实测值的算术平均值作为实验值。

五、实验报告要求

(1) 填写实验目的与实验内容。

(2) 填写实验原理。

(3) 分析实验结果。

六、实验数据处理

(1) 计算 A 点实测时的主应力和主方向

$$\varepsilon_1 = \frac{1}{2}(\varepsilon_{-45°} + \varepsilon_{45°}) + \sqrt{\frac{1}{2}\left[(\varepsilon_{-45°} - \varepsilon_{0°})^2 + (\varepsilon_{0°} - \varepsilon_{45°})^2\right]}$$

$$\varepsilon_3 = \frac{1}{2}(\varepsilon_{-45°} + \varepsilon_{45°}) - \sqrt{\frac{1}{2}\left[(\varepsilon_{-45°} - \varepsilon_{0°})^2 + (\varepsilon_{0°} - \varepsilon_{45°})^2\right]}$$

$$\sigma_1 = \frac{E}{1 - \mu^2}(\varepsilon_1 + \mu\varepsilon_3)$$

$$\sigma_3 = \frac{E}{1 - \mu^2}(\varepsilon_3 + \mu\varepsilon_1)$$

$$\alpha = \frac{1}{2}\arctan\frac{\varepsilon_{45°} - \varepsilon_{-45°}}{2\varepsilon_{0°} - \varepsilon_{45°} - \varepsilon_{-45°}}$$

(2) 计算实测时的弯矩和扭矩大小

$$M_w = \frac{EW}{2}\overline{\Delta\varepsilon_1},\ \text{N·m}; M_n = \frac{EW_t}{4(1 + \mu)}\overline{\Delta\varepsilon_2},\ \text{N·m}$$

(3) 理论值计算

A 点:$M_w = \Delta P \times L_2 =$

$$y = \rho = \frac{D}{2} =$$

$$I_z = \frac{\pi}{64}(D^4 - d^4) =$$

$$\sigma_x = \frac{M_w y}{I_z} =$$

$$M_n = \Delta P \times L_2 =$$

$$I_\rho = \frac{\pi}{32}(D^4 - d^4) =$$

$$\tau_x = \frac{M_n \rho}{I_\rho} =$$

$$\sigma_1 = \frac{\sigma_x}{2} + \sqrt{\left(\frac{\sigma_x}{2}\right)^2 + \tau_x^2} =$$

$$\sigma_3 = \frac{\sigma_x}{2} - \sqrt{\left(\frac{\sigma_x}{2}\right)^2 + \tau_x^2} =$$

$$\alpha = \frac{1}{2}\arctan\frac{-2\tau_x}{\sigma_x} =$$

（4）理论值与实验值比较

计算结果填入表 1-2。

表 1-2   理论值与实验值比较表

测点	A 点			弯矩 M_w	扭矩 M_n
主应力及方向	σ_1	σ_3	α		
理论值/MPa					
实测值/MPa					
相对误差/%					

【附】理论计算公式

（1）计算弯曲正应力 $\sigma_弯$

$$\sigma_弯 = \frac{M}{W_z}, W_z = \frac{\pi D^3}{32}(1-\alpha^4), \alpha = \frac{d}{D}$$

（2）计算扭转切应力 $\tau_扭$

$$\tau_扭 = \frac{M_n}{W_p}, W_p = \frac{\pi D^3}{16}(1-\alpha^4), \alpha = \frac{d}{D}$$

（3）求 A 点的主应力大小和方向 $\sigma_1, \sigma_2, \alpha$

$$\sigma_{1,2} = \frac{\sigma}{2} \pm \sqrt{\left(\frac{\sigma}{2}\right)^2 + \tau^2}$$

$$\tan 2\alpha = -\frac{2\tau}{\sigma}$$

（4）求最大切应力

$$\tau_{max} = \tau_扭 + \tau_剪, \tau_剪 = \frac{QS_{zmax}}{I_z b}, S_{zmax} = \frac{D^3 - d^3}{12}, I_z = \frac{\pi D^4}{64}(1-\alpha^4), \alpha = D - d$$

七、实验注意事项

注意材料的弯曲强度。

第二章 "流体力学"实验

实验一 能量方程实验

一、实验目的

（1）掌握均匀流的压强分布规律以及非均匀流的压强分布特性。

（2）验证不可压缩流体恒定流动中各种能量间的相互转换。

（3）学会使用测压管与测速管测量压强水头、流速水头与总水头。

（4）理解比托管测速原理。

（5）掌握文丘里流量计测量流量的方法。

二、实验仪器、设备

实验仪器：测压管、测速管、差压计；

仪器元件：自循环供水系统、滑动测量尺、放水阀；

流体介质：水、气。

能量方程实验装置如图 2-1 所示，文丘里流量计实验装置如图 2-2 所示。

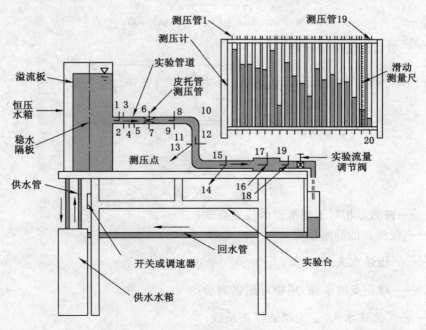

图 2-1 能量方程实验装置

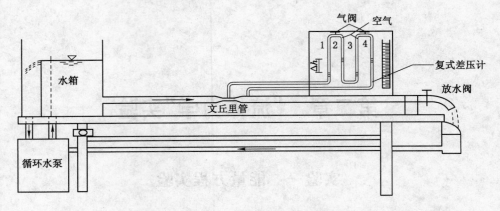

图 2-2　文丘里流量计实验装置

能量方程实验装置由供水水箱及恒压水箱、实验管道(共有三种不同内径的管道)、测压计、实验台等组成,流体在管道内流动时通过分布在实验管道各处的 7 根皮托管测压管测量总水头或 12 根普通测压管测量测压管水头。

三、实验原理

(1) 均匀流断面压强分布规律

$$p = p_0 + \gamma h \tag{2-1}$$

(2) 不可压缩流体恒定流动能量方程

$$z_1 + \frac{p_1}{\gamma} + \frac{\alpha_1 v_1^2}{2g} = z_2 + \frac{p_2}{\gamma} + \frac{\alpha_2 v_2^2}{2g} + h_w \tag{2-2}$$

(3) 比托管测定点流速

$$u = \varphi \sqrt{2g \frac{p_s - p}{\gamma}} = \varphi \sqrt{2gh} \tag{2-3}$$

(4) 文丘里管流量测量原理

$$Q_{理论} = \frac{\pi d_1^2 d_2^2}{4\sqrt{d_1^4 - d_2^4}} \sqrt{2g\left[\left(z_1 + \frac{p_1}{\gamma}\right) - \left(z_2 + \frac{p_2}{\gamma}\right)\right]} = K\sqrt{h} \tag{2-4}$$

$$K = \frac{\pi d_1^2 d_2^2}{4\sqrt{d_1^4 - d_2^4}} \sqrt{2g} \tag{2-5}$$

$$\mu = \frac{Q_实}{K\sqrt{h}} \tag{2-6}$$

$$Q_实 = \mu K\sqrt{h} \tag{2-7}$$

式中　z ——被测点相对于基准面的位置高度;

p ——被测点的静水压强;

$\dfrac{p}{\gamma}$ ——压强水头;

p_s ——滞止点的压强,用相对压强表示;

$\dfrac{\alpha v^2}{2g}$ ——流速水头,α 为动能修正系数;

γ ——液体重度;

h_w ——两断面间的水头损失;

h ——两断面间的测压管水头差;

φ ——比托管修正系数;

K ——文丘里常数;

μ ——流量系数。

四、实验内容

(1)分析非均匀流动转弯段上过流断面的测压管水头的变化规律。

(2)管路上各点的测压管水头线、总水头线、压差计液面高差的测定。

(3)分析测定各断面的压强水头、流速水头与总水头值,及其相互转换。

(4)测定管道实际通过流量。

(5)用比托管测定相应点的点流速。

(6)按文丘里管原理计算理论流量及流量系数。

五、实验步骤

实验过程基本操作步骤如下:

(1)熟悉实验装置图 2-1、图 2-2 各部分的功能,记录有关常数。

(2)启动供水系统,检查测压管液面读数并排气。

(3)逐级调节放水阀门的开度,稳定后利用体积时间法测定流量。

(4)测定各点在不同流量下的测压管、测速管(实验装置图 2-1)或差压计液面读数(实验装置图 2-2),求得测压管水头及总水头、流速水头(实验装置图 2-1)或测压管液面高差(实验装置图 2-2)。

(5)比较均匀流与非均匀流断面的测压管水头值(实验装置图 2-1)。

(6)分析各断面的总水头与测压管水头,从而计算沿程水头损失与局部水头损失,并比较突然扩大与突然缩小的测压管水头及其水头损失(实验装置图 2-1)。

(7)在实验装置图 2-2 中,利用文丘里管测定管道流量。

六、实验报告要求

(1)简要写出实验原理和实验步骤。

(2)记录表 2-1 至表 2-4。

(3)计算流速水头和总水头。

表 2-1　　　　　　　　　测点液面读数与断面能量转换测量成果表　　　　　　　　cm

次数	流量 Q /(cm³/s)	位置 水头 z	压强水头 $\dfrac{p}{\gamma}$	流速水头 $\dfrac{v^2}{2g}$	测压管水头 $z+\dfrac{p}{\gamma}$	总水头 H	测压管水头差 $\Delta(z+\dfrac{P}{\gamma})$	总水头差 ΔH
1								
2								
3								
4								
5								

次数	流量 Q /(cm³/s)	位置 水头 z	压强水头 $\frac{p}{\gamma}$	流速水头 $\frac{v^2}{2g}$	测压管水头 $z+\frac{p}{\gamma}$	总水头 H	测压管水头差 $\Delta(z+\frac{P}{\gamma})$	总水头差 ΔH
6								
7								
8								
9								
10								
11								
12								
13								
14								
15								
16								
17								
18								
19								

表 2-2 　　　　均匀流与非均匀流的压强分布特性与能量转换表　　　　cm

次数	流量 Q /(cm³/s)	2 点测压管 水头 $z_2+\frac{p_2}{\gamma}$	3 点测压管 水头 $z_3+\frac{p_3}{\gamma}$	10 点测压管 水头 $z_{10}+\frac{p_{10}}{\gamma}$	11 点测压管 水头 $z_{11}+\frac{p_{11}}{\gamma}$	15 点测压管 水头 $z_{15}+\frac{p_{15}}{\gamma}$	备注
1							
2							
3							
4							
5							
6							

表 2-3 　　　　　　　　水头损失与比托管测量表　　　　　　　　cm

次数	流量 Q /(cm³/s)	3、4 断面 沿程水头 损失 h_f	15、17 断面 局部水头 损失 h_j	9 点测压管 水头 $z_9+\frac{p_9}{\gamma}$	8 点总 水头 H_8	8 点流速 水头 $\frac{v_8^2}{2g}$	8 点流速 u_8/(cm/s)	备注
1								
2								
3								
4								
5								
6								

表 2-4　　　　　　　　　　　　　文丘里流量计测量表　　　　　　　　　　　　　　cm

次数	实际流量 Q /(cm³/s)	1点测压管水头 $z_1+\dfrac{p_1}{\gamma}$	2点测压管水头 $z_2+\dfrac{p_2}{\gamma}$	3点测压管水头 $z_3+\dfrac{p_3}{\gamma}$	4点测压管水头 $z_4+\dfrac{p_4}{\gamma}$	理论流量 Q /(cm³/s)	流量系数 μ	备注
1								
2								
3								
4								
5								
6								

七、实验注意事项

注意流量系数的影响因素。

八、思考题

(1) 均匀流断面测压管水头、压强分布与非均匀流断面测压管水头与压强分布是否相同?

(2) 实际流体测压管水头沿程是否可以升高? 总水头沿程变化如何? 各部分能量如何进行转换?

(3) 当流量增加,测压管水头线是否变化?

(4) 如何利用现有的测压管与测速管测量某点的点流速?

(5) 比托管测定的流速是否准确? 原因何在?

实验二　雷诺实验

一、实验目的

(1) 观察层流、紊流的流态。

(2) 测定临界雷诺数,掌握圆管流态的判断标准。

(3) 观察紊流形成的过程,理解紊流产生的机理。

(4) 观察流体在各种绕流运动中阻力的大小,分析流体流动的两种阻力形式。

二、实验仪器、设备

实验仪器:雷诺实验仪、壁挂式流动显示仪。

仪器元件:自循环供水系统、颜色水箱、放水阀等。

流体介质:水、颜色水。

实验装置如图 2-3 所示。

三、实验原理

(1) 雷诺数:反映惯性力与黏性力的比值。

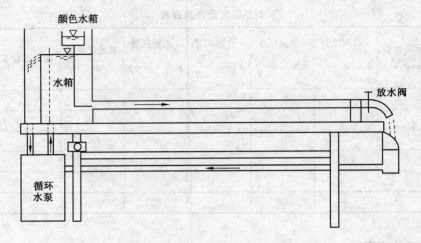

图 2-3   雷诺实验仪

$$Re = \frac{\mu d}{v}$$

$$v = \frac{4Q}{\pi d^2}$$

(2-8)

$Re > 4\ 000$ 为紊流；

$Re < 2\ 000$ 为层流；

$2\ 000 < Re < 4\ 000$ 为层流与紊流过渡区。

（2）绕流阻力：为摩擦阻力与压差阻力之和。

$$D = C_f A_f \frac{\rho v^2}{2} + C_p A_p \frac{\rho v^2}{2}$$

(2-9)

式中　　D ——绕流阻力；

　　　　C_f ——绕流摩擦阻力系数；

　　　　A_f ——绕流摩擦阻力迎流面积；

　　　　C_p ——绕流压差阻力系数；

　　　　A_p ——绕流压差阻力迎流面积；

　　　　v ——来流速度。

四、实验内容

（1）观察层流、紊流的流态。

（2）测定临界雷诺数，掌握圆管流态的判断标准。

（3）观察紊流形成的过程，理解紊流产生的机理。

（4）理解流体绕流过程中的摩擦阻力与压差阻力的两种阻力形式。

五、实验步骤

实验方法与操作步骤如下：

（1）熟悉实验装置各部分功能，记录有关常数。

（2）观察两种流态。

打开开关使水箱充水至溢流水位，经稳定后，微微开启调节阀，并注入颜色水于实验管内,使颜色水流成一直线。通过颜色水质点的运动观察管内水流的层流流态,然后逐步开大调节阀,通过颜色水直线的变化观察层流转变到紊流的水力特征,待管中出现完全紊流后,再逐步关小调节阀,观察由紊流转变为层流的水力特征。

(3)测定下临界雷诺数。

① 将调节阀打开,使管中呈完全紊流,再逐步关小调节阀使流量减小。当流量调节到使颜色水在全管刚呈现出一稳定直线时,即为下临界状态。

② 待管中出现临界状态时,用体积法测定流量。

③ 根据所测流量计算下临界雷诺数,并与公认值(2000)比较,偏离过大,需重测。

④ 重新打开调节阀,使其形成完全紊流,按照上述步骤重复测量不少于三次。

⑤ 同时用水箱中的温度计测记水温,从而求得水的运动黏度。

注意:

① 每调节阀门一次,均需等待稳定几分钟。

② 关小阀门过程中,只许渐小,不许开大。

③ 随出水流量减小,应适当调小开关(右旋),以减小溢流量引发的扰动。

(4)测定上临界雷诺数。

逐渐开启调节阀,使管中水流由层流过渡到紊流,当色水线刚开始散开时,即为上临界状态,测定上临界雷诺数1~2次。

有关常数为:管径 $d=1.4$ cm,水温 $t=12.5$ ℃。运动黏性系数可用以下经验公式求得。

$$\mu = \frac{0.017\,75}{1+0.033\,7t+0.000\,221t^2} = 0.012\,19\,(\text{cm}^2/\text{s}) \tag{2-10}$$

六、实验报告要求

(1)填写实验目的与实验内容。

(2)填写实验原理。

(3)分析实验结果。

实验记录计算表如表 2-5 所示。

表 2-5 实验记录计算表

实验次数	水温 t/℃	黏性系数 μ/(cm²/s)	实际流量 Q/(cm³/s)	流速 v/(cm/s)	雷诺数 Re	备注
1						
2						
3						
4						

七、实验注意事项

注意观察层流和紊流的变化状态。

八、思考题

（1）流态判据为何采用无量纲参数，而不采用临界流速？

（2）为何认为上临界雷诺数无实际意义，而采用下临界雷诺数作为层流与紊流的判据？实测下临界雷诺数 Re 与公认值偏离多少？原因何在？

（3）雷诺实验得出的圆管流动下临界雷诺数为 2 320，而目前有些教科书中介绍采用的下临界雷诺数是 2 000，原因何在？

（4）为什么在测定 Re 调小流量过程中，不许有反调？

第三章 "机械设计基础"实验
——机械传动综合实验

一、实验目的

（1）了解常用机械传动的基本原理。

（2）掌握平行轴间传动方案的设计及各传动方案的特点。

（3）掌握常见传动装置的选择、安装、校准及调整。

（4）了解机械装配的过程，掌握校准的重要性，了解机械生产、装配误差对传动系统性能的影响。

二、实验仪器、设备

（1）多轴系机械传动系统搭接平台。

（2）数字转速表、百分表、张力测试仪、水平仪等测量仪器。

三、实验原理

传动原理——以张紧在至少两轮上带作为中间挠性件，靠带与轮接触面间产生摩擦力来传递运动与动力。

四、实验内容

（1）了解传动系统在机械设备中的应用情况，通过调研给出机械传动系统在三种以上机械设备中的应用实例，画出传动方案简图，注明主要参数并分析采用该方案的原因。

（2）根据给定条件的要求，拟定至少 2 种平行轴间的传动方案，并对不同方案进行比较（分析各自的优缺点）：

① 某机械装置的原动机采用功率 250 W 转速 1 425 r/min 的单项交流电机，通过传动装置后的输出转速为 712.5 r/min，试设计该传动系统（多方案），画出方案简图。

② 已知某机械装置的原动机采用功率 50 W 转速为 167 r/min 的调速电机，通过传动装置后的输出转速为 100 r/min，试设计该传动系统（多方案），画出方案简图。

（3）根据实验室现有设备修改传动装置的实验方案。

（4）实验方案设计：确定所装配传动系统中两轴位置校准的方法，确定测量传动系统基本参数（如转矩、转速等）的测量方案。

（5）搭接机构并连接相关线路（搭接过程注意各零件的校准均需符合相关要求）。

（6）经老师检查所搭机构正确无误后，方可开机，并按要求测试相关内容：如输出轴转速、电机转矩及功率的测量等。

（7）更换零件尺寸，观察运动及相关参数（传动比、输出转矩等）有何变化？（如在带传动中更换带轮尺寸等）

五、实验步骤

（1）根据现有的实验条件修改实验方案，并在多轴系机械传动系统搭接平台上搭出传动机构（注意掌握机构安装、校准及调整的方法）。

（2）在确保所搭接的机构运动不会发生干涉和严重摩擦后，检查所有的连接是否正确、稳固，用手轻轻转动高速轴，传动系统能正常运转（如有问题，重新调整、装配）。

（3）在各转动处加入润滑油。

（4）连接实验线路：即控制箱与电机之间的线路连接；经指导教师检查后方可开机，并进行相关参数测试。

（5）按要求对机构进行调整，重新进行测试。

（6）确认测试结束后，关闭电源，拆卸机构。

（7）将各设备复原，清理实验台。

六、实验报告要求

（1）整理实验数据，填写实验报告。

（2）总结各传动方案特点，并进行比较。

（3）对比实验结果与理论数据，分析误差产生的原因。

（4）对本实验台的改进建议及本次实验的收获和体会。

七、实验注意事项

开机前必须经过指导教师的检查和许可！

八、思考题

（1）什么是键连接？一般应用于哪些场合？在本次实验中你所用到的键连接采取的是哪种配合方式？为什么？

（2）联轴器共有几种类型？实验中你所使用的是哪一类联轴器？它具有哪些特点？

（3）带传动中带的张力是如何确定的？张力的大小对传动性能或传动零件有什么影响？

（4）链传动中传动比可以用链轮的分度圆直径进行计算吗？为什么？

（5）链条垂度如何确定？如何保证测量垂度时是在链条的松边进行？紧边的垂度需要测量吗？

（6）两齿轮啮合传动时为什么要留有一定的齿侧间隙？它的大小与哪些因素有关？

（7）电机的电流、转速、传动系统的机械效率随着负载的增加如何变化？分析其原因。

第四章 "煤矿地质学"实验

实验一 常见矿物手标本的鉴定

一、实验目的

(1) 通过观察,了解矿物形态和物理性质。初步掌握肉眼鉴定矿物的操作方法,为深入认识矿物打好基础。

(2) 通过观察,熟悉和掌握矿物的描述、鉴定方法。

(3) 掌握常见矿物的基本鉴定特征。

二、实验用品

常见矿物手标本:石墨、黄铁矿、滑石、石膏、方解石、萤石、磷灰石、正长石、斜长石、石英、方铅矿、普通角闪石、黑云母、白云母、普通辉石、高岭石、橄榄石、石榴子石、黄铜矿、赤铁矿、磁铁矿等常见矿物手标本。

工具:放大镜、条痕板、小刀等。

三、实验内容

1. 观察矿物的形态

矿物有一定的形态,并有单体形态和集合体形态之分。因此,观察时首先应区分是矿物的单体或集合体,然后进一步确定属于什么形态。

(1) 单体形态

矿物的单体是指矿物的单个晶体,它具有一定的几何外形,由晶棱、面角和晶面所构成。同种矿物往往具有一种或几种固定的几何形态,如立方体、四面体、八面体、菱形十二面体等。矿物的形态是其内部结晶格架的外在表现。因此,这些固定的几何形态是认识矿物的重要标志之一。

矿物具有一定的结晶习性,有的矿物在结晶时,在某一个轴向上发育生长迅速,形成针状或长柱体晶体(如辉锑矿等);有的矿物在两个轴方向上均发育较快,形成板状(如石膏)和片状(如云母)晶体;还有一些在三个轴方向同等发育,形成粒状或等轴状的晶形,如立方体(黄铁矿)、八面体(磁铁矿)、菱形十二面体(石榴子石)等。根据单个晶体三度空间相对发育的比例不同,可将晶体形态特征分为一向延伸、二向延展和三向等长三种。

① 一向延伸晶体

柱状——石英(水晶)、角闪石;毛发状(针状)——石棉。

② 二向延展晶体

片状——云母、绿泥石;厚板状——重晶石。

③ 三向等长晶体

粒状——石榴子石、黄铁矿、橄榄石、方铅矿。

图 4-1 所示为常见的单形和聚形图。

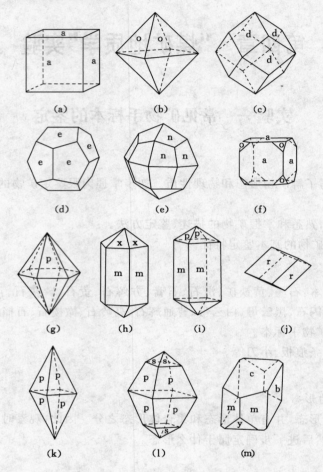

图 4-1　常见的单形和聚形图

(a) 六面体;(b) 八面体;(c) 菱形十二面体;(d) 五角十二面体;(e) 四角三八面体;

(f) 六面体(a)和八面体(o)的聚形;(g) 六方双锥;(h) 六方柱(m)与六方双锥的聚形;

(i) 正方柱(m)与正方双锥(p)的聚形;(j) 菱面体;(k) 斜方双锥;(l) 2 种斜方双锥的聚形(p,s);

(m) 斜方柱(m)与 3 种平行双面(b,c,y)的聚形

(2) 集合体形态

矿物集合体是由许多个结晶矿物单体共同生长在一起的矿物组合,也可以是隐晶质及胶体矿物(或称准矿物)的组合。依据颗粒的大小可分为显晶质集合体和隐晶质及胶态集合体。

① 常见的显晶集合体形态

柱状集合体:个体均由柱状矿物组成,集合方式不规则,如普通角闪石、电气石、红柱石等。

放射状集合体:个体为针状、长柱状。一端会聚,另一端呈发散状,像光线四射,如红柱石、透闪石等。

纤维状集合体:由极细的针状或纤维状矿物组成,如石棉等。

片状集合体:由片状矿物组成,如云母、镜铁矿等。

板状集合体:由板状矿物组成,如石膏等。

粒状集合体:系由均匀粒状矿物组成,如石榴子石、橄榄石等。

晶簇:是具有共同生长基壁的一组单晶集合体,常生长在空隙壁上,如石英(水晶)晶簇、方解石晶簇等。

自然界大多数矿物都以聚集的格局出现,但由于矿物的形成条件复杂,结晶矿物的晶体少有发育完好的,因此在观察结晶矿物时,应首先观察认识完整的个体,这样当观察被遮挡和个体发育不完整的标本时,才有用完整的形体去辨认和恢复矿物外形的能力,并在认识个体形态的基础上,进一步认识矿物集合体形态。此外,观察矿物形态时,除了注意其总体形态外,还应注意组成晶体的每个晶面的几何形态,如三角形、正方形、菱形等。每个矿物不同晶面间的夹角也是固定的,观察时亦应注意。

② 常见的隐晶及胶体矿物集合体

这类矿物没有固定的形态,不能将其分为单体,主要根据矿物集合体的外形分类。隐晶集合体是放大镜也看不见单体界线的集合体,按其紧密程度可分为致密块状和疏松土状。前者如石髓,后者如高岭土。

常见的非晶质矿物(即胶体矿物)集合体有:

鲕状和豆状集合体:由许多像鱼子状或豆状的矿物集合而成,它们都明显的具同心层状构造,如鲕状或豆状赤铁矿。

钟乳状集合体:由同一基底向外逐层立体生长而成的呈圆锥或矿物集合体,其个体内部具有同心层状构造或同时群体具有放射状构造,如石灰岩溶洞中的石钟乳和石笋均为钟乳状方解石。

葡萄状或肾状集合体:外形似葡萄状者称葡萄状集合体,如硬锰矿;若外形呈较大的半椭球体,则称肾状集合体,如肾状赤铁矿。

结核体:围绕某一核心生长而成球状、凸透镜状或瘤状的矿物集合体,如钙质结核、黄铁矿结核等。

分泌体:岩石中形状不规则或球形的空洞被胶体等物质逐层由外向内充填而成,常呈同心层构造。

2. 观察矿物的主要物理性质

(1)矿物光学性质

矿物对光的吸收、折射、反射所表现出来的物理性质,主要有颜色、条痕、光泽和透明度等。

① 颜色

是指矿物对不同波长的光波吸收程度不同所表现出来的结果。如果对各种波长的光吸收是均匀的,则随吸收程度由强变弱而呈黑、灰、白色;如矿物对不同波长的光选择吸收,则出现各种颜色。

矿物本身固有的颜色叫自色,有些矿物只有一种颜色,有的矿物因含杂质或色体、裂纹或被氧化而呈现不同颜色叫他色或假色。

自色——主要决定于矿物组成中元素或化合物的某些色素离子,如孔雀石具翠绿色,赤铁矿具樱红色,黄铜矿具铜黄色,方铅矿具铅灰色等。

他色——是由外来带色杂质的机械混入所染成的颜色,如纯净石英为无色透明,但由于不同杂质混入后可成为紫色(紫水晶)、粉红色(蔷薇石英)、烟灰色(烟水晶)、黑色(墨晶)等。

假色——与矿物本身的化学成分和内部结构无关,其成因如由氧化薄膜所引起的锖色(斑铜矿表面);由一系列解理裂缝导致光的折射、反射甚至干涉所呈现的色彩(如方解石、白云母等表面常见彩虹般的色带形成晕色);某些矿物(如拉长石)由于晶格内部有定向排列的包裹体,当沿矿物不同方向观察时出现蓝、绿、黄、红等徐徐变换的色彩(称变彩)等。

矿物的自色一般较均匀、稳定,它代表矿物本身的颜色;他色和假色常在一个矿物中分布不均一,导致矿物表面色彩不同或浓淡不均。在实验中,对矿物的颜色描述时,通常采用两种方法,其一是公认的颜色本身来命名,如红、橙、黄、绿、青、蓝、紫、黑、白。但是自然界的矿物多是过渡色,且深浅不一,常加形容词给予表示,如淡黄色。黄绿色是将次要的颜色放在前面,主要颜色放在后面,这种方法也称复合命名法。第二种命名法叫实物对比法,即利用大家熟知物体的颜色来描述。例如橘黄色、乳白色、烟灰色等。另外,观察矿物的颜色时,还应分清风化面和新鲜面。风化面的颜色常常不同于新鲜面的颜色,因为由于风化作用使某些色素离子流失,或由于次生矿物的出现而改变颜色。

② 条痕

条痕就是矿物在无釉白瓷板上摩擦留下粉末的颜色。同一种矿物的条痕(痕迹)是比较固定的。条痕可以和矿物的颜色相同,也可以不同。如赤铁矿的颜色可以是褐红色,也可以是铁黑色,但条痕均为樱红色;磁铁矿是铁黑色但条痕是黑色。可见条痕是鉴定矿物的一个重要标志。条痕实验的方法是将矿物在未上釉的白瓷板上刻划,即可显出矿物的条痕色。但应注意,刻划时,只有硬度小于条痕板的矿物才能划出条痕,而硬度大于条痕板的矿物便无法划出条痕或没有明显的条痕,所以说,对浅色矿物和透明矿物来说其条痕一般为无色或淡色,对鉴定矿物其意义不大,深色不透明的矿物才能显示明显的条痕色。

③ 光泽

光泽是指矿物反光的能力,因强弱有别,光泽常与矿物的成分和表面性质有关,习惯上按矿物表面的反光程度分为金属光泽和非金属光泽两大类,介于两者之间的称半金属光泽。金属光泽的矿物如方铅矿、黄铜矿等。非金属光泽的矿物如长石、石英、云母、辉石等。半金属光泽的矿物如赤铁矿、磁铁矿和铬铁矿等。

非金属光泽中由于矿物及集合体表面形态不同,常表现为以下几种:

玻璃光泽:具有光滑表面类似玻璃的光泽。

油脂光泽:具有不平坦表面而类似动物脂肪的光泽。

珍珠光泽:多是平行排列片状矿物的光泽,类似蚌壳内或珍珠闪烁的光泽。

丝绢光泽:纤维状矿物集合体产生像蚕丝棉状的光泽。

金刚光泽:非金属光泽中最强的一种,似太阳光照在宝石上产生的光泽。

观察光泽时要注意:不要与矿物的颜色相混;转动标本,注意观察反光最强的矿物小平面(晶面或解理面),不要求整个标本同时反光都强。

④ 透明度

透明度是指矿物透光的性能,一般透明和不透明是相对的。常以厚 0.03 mm 薄片为标准,按其透光程度进行肉眼观察将矿物分为透明、半透明和不透明三类。常见的透明矿物有水晶、方解石、云母、长石、辉石和角闪石;半透明矿物有闪锌矿、辰砂;不透明矿物有磁铁矿、黄铁矿、石墨、方铅矿等。

如果用显微镜观察矿物的薄片,几乎所有的半透明矿物均可以透过光线,也称其为透明矿物;而金属矿物在镜下仍为不透明状。

矿物的颜色、条痕、透明度、光泽等物理性质之间相互关联,它们的关系如表 4-1 所示。

表 4-1　　　　　　　　　　　　　矿物的颜色、条痕、透明度、光泽之间的关系

颜色	无色	浅色	彩色	黑色或金属色
条痕	无色或白色	浅色或无色	浅彩或重彩	黑色或金属色
透明度	透明		半透明	不透明
光泽	玻璃—金刚光泽		半金属光泽	金属光泽
矿物	非金属矿物		金属矿物	

（2）矿物的力学性质

矿物的力学性质是指矿物在外力作用下所表现的物理性质,包括硬度、解理、断口、弹性、挠性和延展性等。

① 硬度

矿物的硬度是指其抵抗外来机械力作用(如刻划、压入、研磨等)的能力。一般通过两种矿物相互刻划比较而得出其相对硬度,通常以摩氏硬度计作标准,从而了解不同硬度的矿物。摩氏硬度计如表 4-2 所示。

表 4-2　　　　　　　　　　　　　　　摩氏硬度计

硬度级别	1	2	3	4	5	6	7	8	9	10
矿物	滑石	石膏	方解石	萤石	磷灰石	正长石	石英	黄玉	刚玉	金刚石

实验时首先应熟悉摩氏硬度计中的矿物,然后用它们刻划其他未知矿物,以便确定未知矿物的硬度等级。还可用指甲(硬度为 2～2.5)、小钢刀(硬度约为 5.5)、玻璃(硬度约为 6)等来刻划各种矿物,大致确定被刻划矿物近似的硬度级别。

注意要点:测定矿物硬度时,必须找准测试的对象,当标本上有几种矿物共生时,更应注意以防刻错。并且要在矿物的新鲜面上进行,以免刻划在风化面上而降低矿物的硬度。刻划矿物时用力要均匀。

② 解理与断口

矿物受力后沿其晶体内部一定的结晶方向(或结晶格架)裂开或分裂的性质,称解理。它是沿着矿物内部一定方向发生平行分离的特性,其裂开面称解理面。解理面可以平行晶面,也可以与晶面相交。

观察矿物解理时首先应学会判别解理存在与否,其关键是学会识别解理面。在观测矿物碎块时,若发现许多平滑的面,则说明此种矿物具有解理;否则可能是无解理。解理面无论大小,一般都表现出反光性。解理面不一定具有固定的几何形态。寻找解理面时,要对准

光线反复转动标本,仔细观察,要注意寻找是否有相同方向且相互平行的许多面存在。特别要注意解理面与晶面的区别。晶面是按一定内部构造生长成的几何多面体的表面,它只位于晶体表面并常具固定的几何形态,同一晶体上相似的晶面大小相近。解理面则可在相同方向上找到一系列的面,它们相互平行但大小不一定等同。另外,有些矿物晶面上具有晶面条纹,可与解理面相区别。

解理按其发生的方向可以划分为若干组,具有一个固定裂开方向的所有解理面称为一组解理(如云母);有两固定方向的解理面称为两组解理(如钾长石);还可有三组解理(如方解石、方铅矿)、四组解理(萤石)和六组解理(如闪锌矿)存在,但后两种情况为数较少。

这里,根据解理完善程度可分为:

极完全解理:矿物可以剥成很薄的片,解理面完全光滑,如云母、绿泥石等矿物。

完全解理:矿物受打击后易裂成平滑的面,如方解石。

中等解理:破裂面大致平整,如辉石和角闪石。

不完全解理:解理面不平整,大致可见。

在实验过程中,观察解理组数时,应从不同方向去看标本,如在某一方向观察到一系列相互平行的解理面,则可定为一组解理;再转动到另一方向又发现另一系列相互平行的解理面,就可定为两组解理;依次类推。确定解理组数后,还应注意不同组解理面间的交角(称解理夹角),因为同种矿物一般具有固定的解理组数和解理夹角。有无解理面、解理组数多少、解理夹角的大小等都是识别矿物的重要标志。

断口是矿物受到敲击后,沿任意方向发生的不规则破裂面。常见的断口类型多样,其中主要有:

贝壳状断口:断口有圆滑的凹面或凸面,面上具有同心圆状波纹,形如蚌壳面。如石英就具明显的贝壳状断口。

锯齿状断口:断口有似锯齿状,其凸齿和凹齿均比较规整,同方向齿形长短、形状差异并不大。如纤维石膏断口。

参差状断口:断面粗糙不平,有的甚至如折断的树木茎干。如磁铁矿、角闪石横断面。

类土状断口:其断面平滑,但断口不规整。如高岭石。

对于各类矿物,其断口也具有一定的鉴定意义。

③ 弹性与挠性

某些片状或纤维状矿物,在外力作用下发生弯曲,当去掉外力后能恢复原状者具弹性(如云母);不能恢复原状者具挠性(如蛭石和绿泥石)。

④ 延展性

矿物能被锤击成薄片状或拉成细丝的性质称延展性。如自然金、自然银、自然铜等具此性质。

(3) 矿物的其他性质

矿物除上述物理性质外,还具有一些其他性质,主要有比重、磁性、发光性及通过人的触觉、味觉、嗅觉等感官而感觉出矿物的某些性质。

① 比重。矿物与同体积水(4 ℃)的质量比值,称比重。通常用手估量就能分出轻、重来,或者用体积相仿的不同矿物进行对比来确定,大致确定出所谓重矿物和轻矿物。

② 磁性。矿物能被磁铁吸引或本身能吸引铁屑的能力称为磁性。可用磁铁或磁铁矿

粉末吸引进行测试。

③ 发光性。矿物在外来能量的激发下,能发出某种可见光的性质,称发光性。如萤石、白钨矿在紫外线照射时均显荧光。

通过人的感官所能感觉到的某些性质,如滑石和石膏的滑感,食盐的咸味,燃烧硫黄、黄铁矿、雌黄和雄黄的臭味等。

此外,还有如碳酸盐矿物与稀盐酸反应放出 CO_2 气泡,磷酸盐遇硝酸与钼酸铵使白色粉末变成黄色等,是鉴定碳酸盐类和含磷矿物的好办法。

四、实验步骤

观察和描述几种常见矿物标本以如下顺序进行:单体形态、集合体形态、颜色、条痕色、透明度、光泽、解理(包括组数、完全程度)、断口、硬度(用小刀、指甲刻划比较)、比重(用手掂重)、最后命名。并将结果填入矿物的形态及物理性质表 4-3 中。

表 4-3 矿物的形态及物理性质表

标本号	矿物名称	形态	光学性质				力学性质				其他性质
			颜色	条痕	光泽	透明度	解理	断口	硬度	密度	

五、实验报告要求

(1)实验报告内容要包括实验目的、实验仪器设备、实验步骤、文字说明和心得体会部分等。

(2)心得体会部分,需要结合"煤矿地质学"课程的理论学习内容。

六、实验注意事项

(1)实验前注意复习有关内容。

(2)观察时注意相似矿物之间的比较。

(3)实验标本要轻拿轻放,以免造成标本破坏。

(4)做好观察记录。

七、思考题

(1)描述部分标本。

(2)比较黄铁矿和黄铜矿的区别。

八、常见矿物的特征

1. 硫化物类

① 方铅矿(PbS):完好晶体常呈立方体,集合体为粒状、致密块状。铅灰色,条痕黑色,金属光泽。硬度 2~3,比重 7.4~7.6。有三组立方体完全解理,性脆。

鉴定特征:具三组正交的立方体完全解理,比重大,可以与其他铅灰色矿物,如辉锑矿、辉钼矿等区别。

② 闪锌矿(ZnS):晶体呈四面体(极少见),常呈粒状、块状集合体。随着含铁(Fe^{2+})量的增高,颜色由无色→浅黄→褐黄→黄褐→棕黑色变化;条痕由白色到褐色;光泽由树脂光泽到半金属光泽。硬度 3.5~4,比重 2.9~4.2。有六组完全解理(多面闪光)。

鉴定特征:条痕比颜色浅,六组完全解理,较小的硬度,可与黑钨矿、锡石等区别。

③ 辉锑矿(Sb_2S_3):晶形常呈斜方柱形长柱状、针状。柱面上具有纵纹。集合体一般为束状、柱状、针状、放射状,少数为柱状晶簇。铅灰色,条痕黑色。金属光泽。硬度 2~2.5,比重 4.51~4.66。一组柱面解理完全,解理面上常有横纹。

鉴定特征:根据柱状晶形、一组解理及解理面上常有横纹,与方铅矿区别。

④ 黄铜矿($CuFeS_2$):完全晶形极少见,常呈粒状、致密块状集合体。铜黄色,表面有时见蓝、紫、褐色等斑杂锖色(假色)。条痕绿黑色,金属光泽。硬度 3.5~4,比重 4.1~4.3。性脆,无解理,断口参差状。

鉴定特征:黄铜矿与无晶形的黄铁矿,可根据黄铜矿新鲜面颜色深和较低的硬度来区别。

⑤ 黄铁矿(FeS_2):晶形常呈立方体和五角十二面体,常具有三组互相垂直的晶面条纹。集合体为粒状、致密块状。浅铜黄色,表面常有黄褐色的锖色(假色)。条痕绿黑或褐黑色,金属光泽。硬度 6~6.5,比重 4.9~5.2。性脆,无解理。

鉴定特征:根据完全的晶形和晶面条纹,浅铜黄色,较大的硬度,可与黄铜矿区别。

黄铜矿与黄铁矿区别口诀:

黄铜黄铁似兄弟,金黄浅黄真美丽;

条痕色黑皆性脆,金光闪闪多威仪。

刀子面前显高低,黄铜屈服铁无异;

风化面上露本性,黄铁变褐铜生绿。

2.氧化物和氢氧化物类

① 石英(SiO_2):石英是以 SiO_2 为成分的一族矿物的统称。主要有 α 石英、β 石英,还有隐晶质的玉髓和胶态含水的蛋白石等。α 石英常呈柱状,由六方柱(m)和菱面体(R,r)等单形组成的聚形,在柱面上常具横纹。β 石英常呈六方双锥状。石英颜色多种多样,水晶一般无色透明,脉石英呈白色、乳白色、灰色,因含杂质引起颜色变异,玻璃光泽,断口为油脂光泽,硬度 7,比重 2.65。无解理。

鉴定特征:根据形态、硬度、无解理、断口的光泽、不易风化等,可与长石、方解石等矿物相区别。

② 赤铁矿(Fe_2O_3):晶形少见,集合体常呈致密块状;胶状者常呈鲕状、豆状和肾状。呈片状晶形者称为镜铁矿。具有晶形者为钢灰色至铁黑色,隐晶质或粉末状者呈红色。条痕为樱红色或红棕色。半金属光泽,晶体硬度 5.5~6,隐晶质者硬度小于小刀,无解理,比重 5.0~5.3,无磁性。

鉴定特征:根据条痕、无磁性可与磁铁矿区别。

③ 磁铁矿:完好晶体形常呈八面体、菱形十二面体,集合体为致密块状,铁黑色,条痕黑色,半金属光泽。硬度 5.5~6,比重 4.52~5.20。无解理,具强磁性。

鉴定特征:根据颜色、条痕及强磁性与赤铁矿区别。

④ 褐铁矿($Fe_2O_3 \cdot nH_2O$):常呈肾状、钟乳状、结核状、土块状、粉末状集合体。颜色浅褐色至褐黑色,条痕褐色,半金属光泽至土状光泽。硬度 1～5。

鉴定特征:根据形态、颜色、条痕可与赤铁矿、磁铁矿、软锰矿等区别。

⑤ 软锰矿(MnO_2):晶形少见,常为块状、土状、粉末状集合体。黑色,表面常带浅蓝色的锖色(假色)。条痕黑色,半金属光泽,隐晶质胶粉末状者则光泽暗淡。硬度 6～2(结晶—隐晶质块状),易染手,比重 4.7～5.0。

鉴定特征:软锰矿与硬锰矿常共生,一般根据其低的硬度,易染手可以区别。

3. 卤化物类

萤石(CaF):晶形常见完好的立方体,少数为菱形十二面体和八面体,集合体粒状、块状。无色者少见,常为紫、绿、蓝、黄色。玻璃光泽。硬度 4,比重 3.10。四组八面体完全解理。

鉴定特征:根据晶形、颜色、解理、硬度可与方解石、重晶石、石英等区别。

4. 碳酸盐类

方解石($CaCO_3$):纯净的透明方解石称冰洲石。常见晶形为菱面体、六方柱。常见集合体为晶簇状、致密块状、钟乳状等。质纯者无色透明或白色,但因含杂质而呈现浅黄、浅红、褐黑等色。玻璃光泽,硬度 3,比重 2.6～2.8。三组菱面体完全。遇冷盐酸剧烈起泡。

鉴定特征:根据晶形、解理、低的硬度以及遇冷盐酸起泡等特征,可与石英、重晶石、萤石、斜长石等相似矿物相区别。

方解石与白云石$[CaMg(CO_3)_2]$很相似,但白云石的晶面常弯曲成马鞍形,遇冷盐酸反应微弱(方解石遇冷盐酸剧烈起泡),可与方解石区别。

5. 硅酸盐类

① 橄榄石$[(Mg,Fe)_2SiO_4]$:晶形完好者少见,一般为他形粒状集合体。浅黄、黄绿色至黑绿色,玻璃光泽,断口为油脂光泽。硬度 6.5～7,比重 3.3～3.5。

鉴定特征:根据其粒状外形及特殊的绿色、光泽及断口光泽(油脂光泽)来识别。

② 普通辉石 $Ca(Mg,Fe,Al)[(Al,Si)_2O_6]$:晶形常呈短柱状,横断面近于正八边形,集合体常为粒状—致密块状。黑绿色,少数为褐黑色,玻璃光泽。硬度 5～6,比重 3.22～3.38。平行柱面的两组解理完全,夹角87°(93°)。

鉴定特征:根据短柱状晶形、颜色和解理,可与普通角闪石等相似矿物相区别。

③ 普通角闪石:晶体常呈长柱状或针状,单体的横截面为近菱形的六边形。暗绿—绿黑色,玻璃光泽。硬度 5.5～6,比重 3.0～3.4。平行柱面的两组解理交角为 124°(56°)。

鉴定特征:根据晶形、横截面形状、颜色、解理及其夹角,可与普通辉石相区别。

④ 正长石 $K[AlSi_3O_8]$:单晶为短柱状或不规则粒状,常见卡氏双晶,集合体为块状。常为肉红色、浅黄红色及白色,玻璃光泽。硬度 6,比重 2.56～2.58。两组解理正交,一组完全,另一组中等。

鉴定特征:根据晶形、双晶(卡氏双晶)、颜色、硬度、解理,可与石英、方解石相区别。

⑤ 斜长石 $Na[AlSi_3O_8]$-$Ca[Al_2Si_2O_8]$:通常呈板状及板状集合体,在岩石中常呈板状或不规则粒状。肉眼也能观察聚片双晶。白色至灰白色,玻璃光泽。硬度 6～6.5,比重 2.55～2.76。两组解理完全,交角 86°24′～86°50′。

鉴定特征:用肉眼区别斜长石与钾长石(正长石)的可靠依据是斜长石具聚片双晶。在岩石中的斜长石,根据双晶,有无解理及透明度,可与石英区别。

⑥ 黑云母 $K(Mg,Fe)_3[AlSi_3O_{10}](OH,F)_2$:一般呈片状、鳞片状集合体,也有板状集合体,深褐色、黑色、光泽。硬度 2.5～3,比重 2.7～3.3。一组解理极完全。

鉴定特征:根据颜色可与白云母区别。

⑦ 白云母 $KAl_2[AlSi_3O_{10}](OH)_2$:形态特征同黑云母,一般为无色透明,因含不同杂质有不同的色调,含铬或铁时带绿色,含 Fe^{3+}、Ti 时呈红色。玻璃光泽,解理面显珍珠光泽。硬度 2.5～3,比重 2.76～3.10。一组解理极完全。薄片具弹性。

鉴定特征:根据易裂成薄片(一组极完全解理)和薄片具弹性及较浅的颜色,可与其他矿物相区别。呈细小鳞片状集合体的白云母称为绢云母。

⑧ 高岭石 $Al_4[Si_4O_{10}](OH)_8$:高岭石为高岭土的主要组成矿物,多为隐晶质致密块状和土状集合体。致密块状者为白色,有时因含各种杂质而带有浅黄、浅褐、红、绿蓝等色。土状光泽,硬度 1,比重 6.1～2.68。干燥时易搓成粉末,干燥时有吸水性(黏舌),潮湿后有可塑性,但不膨胀。

鉴定特征:根据致密土状块体易于以手捏碎成粉末,吸水性、加水具可塑性而不膨胀,区别于其他相似矿物,如蒙脱石(加水膨胀,体积增加数倍)。

⑨ 滑石 $Mg[Si_4O_{10}][OH]_2$:通常呈致密块状、鳞片状集合体。纯者为白色,有时微带浅黄、浅绿色调的白色。玻璃光泽。硬度 1,比重 2.58～2.83。片状者一组解理完全,致密块状者为贝壳断口。富有滑腻感。

鉴定特征:根据低硬度,滑腻感,片状滑石具完全解理可与块状蛇纹石等区别。

⑩ 石榴子石 $A_3B_2[SiO_4]_2$:常见有菱形十二面体、四角三八面体,集合体呈粒状、致密块状。多为黄褐、褐色、红褐色至褐黑色。玻璃光泽。硬度 6.5～8.5,无解理。

鉴定特征:根据晶形、断口光泽、高硬度、无解理,可与其他矿物区别。

6. 硫酸盐类

① 重晶石($Ba[SO_4]_2$):完全晶形常呈板状、柱状,集合体为板状,少数致密块状。纯者晶形为无色透明,一般为白色、灰色,可因含杂质而呈浅黄、浅褐色等。条痕白色,玻璃光泽。三组解理完全。硬度 3～3.5,比重 4.3～4.5。

鉴定特征:根据晶形、解理、比重大及遇盐酸不起泡与方解石、萤石、长石、石英等区别。

② 石膏($CaSO_4 \cdot 2H_2O$):完好晶形常呈板状、片状,集合体多呈致密状或纤维状(纤维石膏)。通常为白色及无色,无色透明晶形称透石膏,因含杂质而呈灰、浅黄、浅褐等色。条痕白色。玻璃光泽,解理面呈珍珠光泽;纤维石膏呈丝绢光泽。硬度 2,比重 2.317。具一组极完全解理和两组中等解理。

鉴定特征:根据形态、解理、硬度以及遇盐酸不起泡等特征,可与方解石、重晶石等相似矿物相区别。

7. 磷酸盐类

磷灰石 $Ca[PO_4]_3(F,Cl,OH,CO_3)$:晶形完好者呈六方柱状、板状,集合体为粒状、致密块状。纯净者无色透明,一般呈黄、黄褐、绿等色。玻璃光泽,断口油脂光泽。硬度 5,比重 3.18～3.21。平行六方柱底面和柱面的解理不完全。加热后常可出现磷光。

鉴定特征:磷灰石晶体颗粒大时,根据其晶形、颜色、光泽、不完全解理和硬度以及发光性,可与绿柱石、石英等相似矿物相区别。若颗粒细小,在标本上加浓硝酸和钼酸铵,若含磷即产生黄色沉淀(含 P_2O_5 千分之几就有明显反应)。

实验二 常见岩浆岩手标本的鉴定

一、实验目的

(1)初步掌握岩浆岩的一般特征。

(2)认识和熟悉几种典型的岩浆岩的分类描述和肉眼鉴定。

二、实验仪器、设备

常见岩浆岩手标本、放大镜、条痕板、小刀。

三、实验内容

岩浆岩的手标本在肉眼鉴定时需要观察描述的内容包括岩石的颜色、组构和矿物成分,最后予以定名。

1. 颜色

岩石的颜色是指组成岩石的矿物颜色之总和,而非某一种或几种矿物的颜色。如灰白色的岩石,可能是由长石、石英和少量暗色矿物(黑云母、角闪石等)等形成的总体色调。因此,观察颜色时,宜先远观其总体色调,然后用适当颜色形容之。

岩浆岩的颜色也可根据暗色矿物的百分含量,即"色率"来描述。按色率可将岩浆岩划分为:

暗(深)色岩	色率为 60~100 相当于黑色、灰黑色、绿色等。
中色岩	色率为 30~60 相当于褐灰色、红褐色、灰色等。
浅色岩	色率为 0~30 相当于白色、灰白色、肉红色等。

反过来,亦可根据色率大致推断暗色矿物的百分含量,从而推知岩浆岩所属的大类(酸、中、基性)。这种方法对结晶质,尤以隐晶质的岩石特别有用。

2. 结构构造

岩浆岩按结晶程度分为结晶质结构和非晶质(玻璃质)结构。按颗粒绝对大小又可分为粗(>5 mm)、中(5~1 mm)、细粒(1~0.1 mm)结构,以及微晶、隐晶等结构。其中,特别应注意微晶、隐晶和玻璃质结构的区别。微晶结构用肉眼(包括放大镜)可看出矿物的颗粒,而隐晶质和玻璃质结构,则用肉眼(包括放大镜)看不出任何颗粒来,但两者可用断口的特点相区别。隐晶质结构的断口粗糙,参差状断口;玻璃质结构的断口平整,常具贝壳状断口。

按岩石组成矿物颗粒的相对大小又可分为等粒、不等粒、斑状和似斑状等结构,如图4-2所示。因此,观察描述结构时,应注意矿物的结晶程度、颗粒的绝对大小和相对大小等特点。

岩浆岩常见的构造为块状构造,其次为气孔、杏仁和流纹状构造等。

3. 矿物成分

对于显晶质结构的岩石,应注意观察描述各种矿物,特别是主要矿物的颜色、晶形、解理、光泽、断口等特征,并且估其含量(注意每种矿物应选择其最具特征的性质进行描述)。尤其注意以下几方面:

(1)观察有无长石,若有则应鉴定长石的种类,并分别目估其含量。

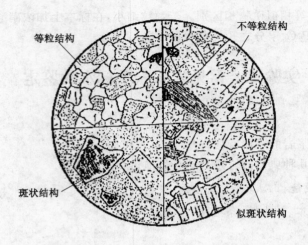

图 4-2 岩石结构(按组成矿物颗粒的相对大小)

(2)观察有无石英、橄榄石的出现。若有石英出现,则为酸性岩;若有橄榄石出现,则为超基性和基性岩。

(3)鉴定暗色矿物的成分,并目估其含量。特别注意辉石和角闪石,以及它们和黑云母的区别。

(4)对具斑状结构或似斑状结构的岩石则应分别描述斑晶和基质的成分和特点、含量。基质若为隐晶质则可用色率和斑晶推断其成分,若为玻璃质则只能用斑晶来推断其成分。

4.岩浆岩分类及鲍温反应系列

(1)岩浆岩分类简表

见表 4-4。

表 4-4 　　　　　　　　　　　　　　主要岩浆岩分类简表

岩石类型			超基性	基性	中性		酸性
SiO₂含量%			<45	45~52	52~65		65>
主要矿物成分	浅色矿物	石英含量	无	无或很少	<5%		>20%
		长石种类和含量	一般无长石	斜长石为主	斜长石为主	钾长石为主	钾长石>斜长石
	暗色矿物	矿物种类和数量	橄榄石、辉石(暗色矿物>90%)	主要为辉石,可有角闪石、黑云母、橄榄石(暗色矿物<90%)	角闪石为主,次为黑云母、辉石(含量15%~40%)		黑云母为主,次为角闪石(含量10%~15%)
产状	结构	构造	—				
喷出岩	玻璃质	气孔、杏仁、流纹、块状	火山玻璃岩(黑曜岩、浮岩等)				
	隐晶、斑状细粒		金伯利岩	玄武岩	安山岩	粗面岩	流纹岩

岩石类型			超基性	基性	中性		酸性
浅成岩	伟晶、细晶等	块状	各种岩脉类（伟晶岩、细晶岩、煌斑岩）				
	隐晶、斑状细粒	块状	苦橄玢岩	辉绿岩	闪长玢岩	正长玢岩	花岗斑岩
深成岩	中粒、粗粒似斑状	块状	橄榄岩	辉长岩	闪长岩	正长岩	花岗岩

（2）鲍温反应系列简图

如图 4-3 所示。

5. 岩石的命名

岩浆岩的命名一般为颜色＋结构＋（构造）＋基本名称，如肉红色粗粒花岗岩。喷出岩有时仅用（颜色）＋构造＋基本名称，如气孔状玄武岩。

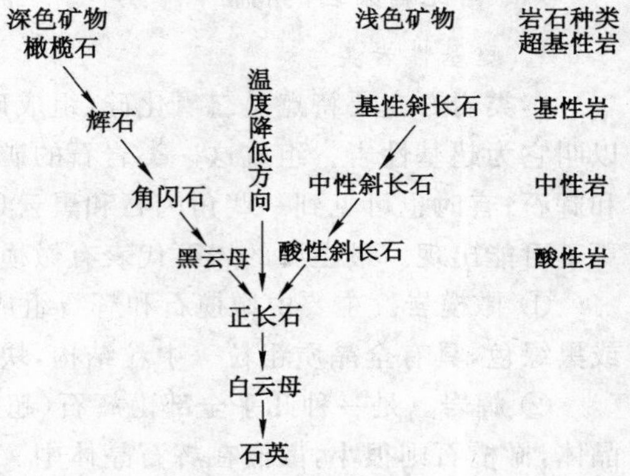

四、实验步骤

观察以下标本，并做好观察记录：

超基性岩类：橄榄岩。

基性岩类：辉长岩、玄武岩。

中性岩类：闪长岩、安山岩。

酸性岩类：花岗岩、流纹岩。

图 4-3　鲍温反应系列简图

观察、鉴定岩浆岩标本时，按以下顺序进行观察和描述，填写表 4-5：颜色、矿物成分及其百分含量、结构、构造、其他特点（如次生变化、孔洞、裂隙等）、命名。

表 4-5　　　　　　　　　　　　　　　常见岩浆岩观察与鉴定表

标本号	岩石名称	颜色	结构	构造	主要矿物成分	综合命名

五、实验报告要求

（1）实验报告内容要包括实验目的、实验仪器设备、实验步骤、文字说明和心得体会部分等。

（2）心得体会部分，需要结合"煤矿地质学"课程的理论学习内容。

六、实验注意事项

（1）实验前注意复习有关内容。

（2）观察时注意相似岩石标本之间的比较。

（3）实验标本要轻拿轻放，以免造成标本破坏。

（4）做好观察记录。

七、思考题

（1）描述部分标本。

（2）比较不同种类岩浆岩颜色的不同。

八、常见岩浆岩的特征

1. 超基性岩类

本类岩石主要特点是二氧化硅（组成矿物的硅酸根）含量小于 45%，呈不饱和状态，所以叫它为超基性岩。组成这一类岩石的矿物主要是富含铁、镁元素的暗色矿物。如橄榄石和辉石；有时也可见到一些角闪石和黑云母。至于浅色矿物如长石等基本上是没有的，石英更不可能出现。最主要的岩石代表有橄榄岩和辉岩。

① 橄榄岩。主要由橄榄石和辉石组成的岩石，两者含量占 40%～90%，一般为暗绿色或黑绿色，具有全晶质粗粒—中粒结构，块状构造。如果橄榄石含量大于 90% 时称纯橄岩。

② 辉岩。是一种几乎全部由辉石（超过 65%）组成的岩石，辉石在岩石中往往形成粗大晶体，橄榄石则很小，散嵌在辉石晶体中。由于辉石的大量出现，故岩石颜色多呈棕色或暗褐色。

本类岩石虽然分布不多，但往往在其中可寻到很有价值的矿产（铬、铂、金刚石等）。

2. 基性岩类

此类岩石二氧化硅含量比超基性岩类增多，占 45%～52%，而其中铁、镁含量相对减少，所以在主要矿物中出现了浅色矿物斜长石，同时主要暗色矿物不是橄榄石而是辉石了。其浅色和暗色矿物含量近于相等，有时暗色矿物还要多些。其次也可出现一些角闪石、黑云母等次要矿物，钾长石仍很少出现，以辉长岩及玄武岩为代表。

① 辉长岩。主要是由辉石和斜长石组成的岩石。另外，也有一些橄榄石、角闪石、黑云母，一般是灰色到灰黑色，中粒—粗粒等粒结构，块状构造。

② 玄武岩。成分与辉长岩相当的喷出岩。一般多为黑色、黑绿色、绿色等，多为气孔状构造，斑状结构。斑晶主要有针状斜长石，其次有橄榄石（多变为伊丁石）。

这类岩石在地表分布比超基性岩多，特别是喷出岩常呈大面积出现。与之有关的矿产主要为铜、镍的硫化物和钒、钛磁铁矿矿床。

3. 中性岩类

其二氧化硅含量比基性岩又有所增加，占 52%～65%，铁、镁的含量相对减少很多。同时出现了氧化钾，所以主要矿物中浅色矿物斜长石（中长石）更多了，而暗色矿物中角闪石占了主要地位。与之有关的主要矿产有铁、铜等。同时，岩石本身是很好的建筑材料。主要岩石代表为闪长岩和安山岩。

① 闪长岩。主要由斜长石（70%左右）和角闪石（30%左右）组成的岩石，其次可以含一

些辉石、黑云母以及钾长石、石英等。颜色多为灰色,具有全晶质中粒或粗粒结构,块状构造。岩石常遭受次生变化,斜长石可变为绿帘石、角闪石则变为绿泥石。

② 安山岩。成分与闪长岩相当的喷出岩。一般多呈褐色或紫红色、块状构造、斑状结构,斑晶成分为板状的斜长石(具聚片双晶),有时含有角闪石。

4. 酸性岩类

最主要的特点是二氧化硅含量明显的增加起来,一般占 65% 以上,呈过饱和状态,铁、镁含量大大减少,而钾、钠含量增多,故在主要矿物中,浅色矿物占绝对优势,石英、钾长石为主,斜长石次之,暗色矿物则以黑云母为主,角闪石次之,辉石少见。此类岩石分布很多,但多以深成侵入的花岗岩为主,喷出岩—流纹岩类则很少。本类岩石与大量有色金属、稀有金属等矿产有关。

① 花岗岩。主要由钾长石、石英、斜长石组成的岩石,其中钾长石含量多于斜长石,石英含量一般为 25%～30%,此外,常含少量黑云母、角闪石。一般为浅色(灰白、肉红色),全晶质粗中粒结构,块状构造。若没有或少有暗色矿物时,则称白岗岩。

② 花岗闪长岩。与花岗岩成分及结构、构造相似的酸性深成侵入岩,但其中斜长石含量多于钾长石,石英含量在 20%～25%,暗色矿物含量一般亦比花岗岩多,可达 10%～20%。

③ 流纹岩。成分与花岗岩相当的喷出岩,常为粉红色、淡紫红色,斑状结构,流纹构造,斑晶成分为透长石(透明的钾长石)和石英。

④ 花岗伟晶岩。成分与花岗岩相当的浅成岩,一般为肉红色,矿物颗粒直径大于 5 mm,属显晶质中的伟晶结构,块状构造。主要由钾长石、石英构成,有时有斜长石、白云母等。

⑤ 细晶岩。成分与花岗岩相当的浅成岩,是显晶质结构,但颗粒较细,其中矿物颗粒直径小于 2 mm。主要成分为石英、正长石、斜长石,有时有云母,块状构造。

实验三 常见沉积岩手标本的鉴定

一、实验目的

(1) 通过实验认识常见沉积岩的结构、构造。复习常见沉积岩的造岩矿物的鉴定特征。
(2) 掌握沉积岩的观察、鉴定和描述方法,了解沉积岩的命名方法。
(3) 通过观察,了解常见沉积岩的宏观鉴定特征。

二、实验仪器、设备

常见沉积岩手标本、放大镜、条痕板、小刀。

三、实验内容

1. 沉积岩的颜色

沉积岩的颜色是指沉积岩外表的总体颜色,而不是指单个矿物的颜色。

根据成因可分为原生色和次生色。

沉积岩的颜色命名方法:

(1) 沉积岩的颜色比较单一时,命名就比较简单,如灰色、黑色等。

（2）沉积岩的颜色比较复杂时，可采用复合命名，如黄绿色等。

2. 沉积岩的成分

沉积岩的成分是指组成沉积岩的物质成分，包括岩石和矿物。

沉积岩中常见的矿物有 20 多种。各类沉积岩中的矿物成分有较大差别：

（1）碎屑岩由碎屑颗粒（岩石碎屑和矿物碎屑）和胶结物组成。最主要的矿物碎屑有石英、长石和白云母等；常见的胶结物有碳酸盐、氧化硅、氧化铁和泥质等。

（2）泥质岩主要由黏土矿物（高岭石等）组成。

（3）化学及生物化学岩的矿物成分很多，常见的有铁、铝、锰、硅的氧化物、碳酸盐（方解石、白云石）、硫酸盐（石膏等）、磷酸盐及卤化物等。

（4）火山碎屑岩由火山碎屑（岩石碎屑、火山玻璃碎屑、矿物碎屑）和填隙的火山灰、火山尘组成。

3. 沉积岩的结构

沉积岩的结构是指组成沉积岩的物质成分的结晶程度、颗粒大小、形状及其相互关系。

（1）碎屑结构：由各种碎屑物质和胶结物组成。按碎屑颗粒粒径大小可分为：

① 砾状结构（粒径>2 mm。巨砾：>256 mm；粗砾：64～256 mm；中砾：4～64 mm；细砾：2～4 mm）；

② 砂状结构（粒径 2～0.062 5 mm。粗砂：2～0.5 mm；中砂：0.5～0.25 mm；细砂：0.25～0.062 5 mm）；

③ 粉砂状结构（粒径 0.062 5～0.003 9 mm）。

（2）泥质结构（粒径<0.003 9 mm）：由各种黏土矿物组成。

（3）粒屑结构：由波浪和流水的作用形成的碳酸盐岩结构。包括：颗粒、泥晶基质、亮晶胶结物和孔隙四部分。如鲕状结构、竹叶状结构等。

（4）晶粒结构：全部由结晶颗粒组成的结构。

按晶粒大小可分为：粗晶、中晶、细晶及隐晶。

（5）生物结构：沉积岩中所含生物遗体或碎片达到 90% 以上。

（6）火山碎屑结构：岩石中火山碎屑物的含量达到 90% 以上。

根据碎屑粒径大小可分为：集块结构、火山角砾结构、凝灰结构。

（7）分选性、磨圆度和成熟度：见示意图（图 4-4）。

（8）胶结物：用于碎屑岩。

① 硅质胶结：硬度大于小刀，遇盐酸不起泡。

② 铁质胶结：颜色发红、紫或紫红色。

③ 黏土胶结：土状，在水中能泡软。

④ 钙质胶结：加盐酸起泡。

4. 沉积岩的构造

沉积岩的构造是指沉积岩中物质成分的空间分布及排列方式。

沉积岩的原生构造：在沉积物沉积及固结成岩过程中所形成的构造，包括层理和层面构造。

（1）层理：是沉积物沉积时形成的成层构造。层理由沉积物的成分、结构、颜色及层的厚度、形状等沿垂向的变化而显示出来。

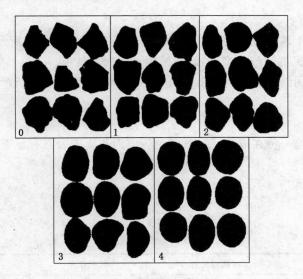

图 4-4 碎屑圆度分级图

0——棱角状;1——次棱角状;2——次圆状;3——圆状;4——极圆状

按层的厚度,层理可分为:

① 块状层>2 m;② 厚层 2~0.5 m;③ 中层 0.5~0.1 m;④ 薄层 0.1~0.01 m;⑤ 微层<0.01 m。

按细层的形态,层理有以下几种类型(图 4-5):① 水平层理;② 波状层理;③ 交错层理;④ 递变层理;⑤ 透镜状层理;⑥ 韵律层理;⑦ 块状层理。

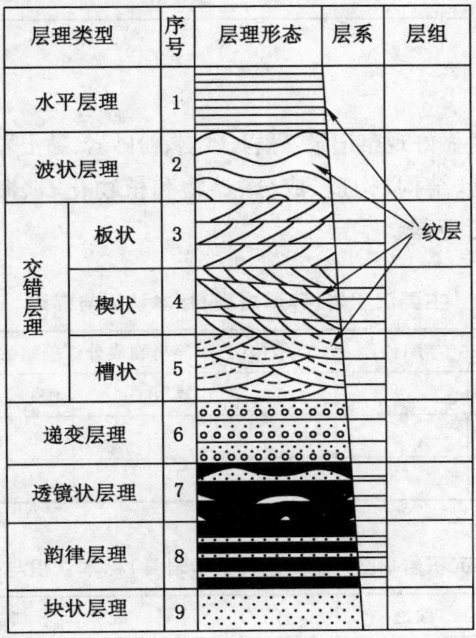

层理类型		序号	层理形态	层系	层组
水平层理		1			
波状层理		2			
交错层理	板状	3		纹层	
	楔状	4			
	槽状	5			
递变层理		6			
透镜状层理		7			
韵律层理		8			
块状层理		9			

图 4-5 层理的类型

(2) 层面构造:在岩层层面上所出现的各种不平坦的沉积构造的痕迹统称为层面构造。

层面构造主要有：

① 波痕。是由于风、流水或波浪等的作用，在砂质沉积物表面所形成的一种波状起伏现象，形似波纹。常见的波痕类型有：对称波痕和不对称波痕。

② 泥裂。是未固结的沉积物露出水面，受到暴晒而干涸、收缩所产生的裂缝。

③ 雨痕和雹痕。

④ 晶体印模。

（3）结核：结核是一种在成分、结构、颜色等方面与周围岩石有显著差别的矿物集合体。如锰结核等。

5. 沉积岩的分类

如表 4-6 所示。

表 4-6　　　　　　　　　　　　沉积岩分类表

岩类		沉积物质来源	沉积作用	岩石名称
碎屑岩类	陆源碎屑岩亚类	母岩机械破碎碎屑	机械沉积为主	砾岩及角砾岩、砂岩、粉砂岩
		母岩化学分解过程中形成的新生矿物——黏土矿物为主	机械沉积和胶体沉积	泥岩、页岩、黏土
	火山碎屑岩亚类	火山喷发碎屑	机械沉积为主	火山集块岩、火山角砾岩、凝灰岩
化学岩和生物化学岩类		母岩化学分解过程中形成的可溶物质、胶体物质以及生物化学作用产物和生物遗体	化学沉淀和生物遗体堆积	铝铁锰质岩、硅磷质岩、碳酸盐岩、蒸发盐岩、可燃有机岩

四、实验步骤

观察以下沉积岩标本，并做好观察记录：砾岩、砂岩、粉砂岩、黏土岩、石灰岩、白云岩、硅质岩。

按以下顺序进行：颜色、结构、构造、成分、动物和植物化石、命名。

按表 4-7 和表 4-8 进行记录。

表 4-7　　　　　　　主要沉积岩（碎屑岩类）标本认识与描述

标本号	岩石名称	颜色	结构	碎屑物成分	胶结物成分	沉积环境	其他特征

表 4-8　　　　　　主要沉积岩（化学岩及生物化学岩类）标本认识与描述

标本号	岩石名称	颜色	结构	成分	加盐酸后的起泡情况	其他特征

五、实验报告要求

(1) 实验报告内容要包括实验目的、实验仪器设备、实验步骤、文字说明和心得体会部分等。

(2) 心得体会部分,需要结合"煤矿地质学"课程的理论学习内容。

六、实验注意事项

(1) 实验前注意复习有关内容。

(2) 观察时注意相似岩石标本之间的比较。

(3) 实验标本要轻拿轻放,以免造成标本破坏。

(4) 做好观察记录。

七、思考题

(1) 描述部分标本。

(2) 如何区别石灰岩和白云岩?

八、常见沉积岩的特征

1. 碎屑岩类

① 砾岩。具砾状结构,即 50% 以上的碎屑颗粒大于 2 mm。砾石滚圆者称砾岩,砾石棱角状称角砾岩。砾石主要由一种成分组成的称单质砾岩,如石英砾岩,砾石成分复杂者称复杂砾岩。

② 砂岩。具砂状结构,即 50% 以上的碎屑颗粒介于 0.06~2 mm 之间。根据砂粒大小又可分为粗砂岩、中粒砂岩和细砂岩。按成分又可分为单矿物砂岩和复矿物砂岩。粉砂岩不易分辨碎屑颗粒,但断面较黏土岩为粗糙。它也可以有单矿物粉砂岩和复矿物粉砂岩之分。黄土则是未经固结的亚沙土,土黄色,松散状。层理不清,往往含碳酸钙结核,主要由长石、石英等粉砂组成。

上述碎屑岩如考虑胶结物的成分时,则命名前加胶结物作为形容词,如铁质石英砂岩(胶结物为铁质)。

2. 黏土岩类

均为泥质结构,主要由各种黏土矿物组成。根据固结程度可分为如下三种:

① 黏土。为黏土岩类中几乎未经固结的一种松散的岩石,具有吸水性和可塑性,在水中极易泡软。如高岭石黏土、胶岭石黏土等。高岭石黏土是耐火材料和陶瓷工业的原料。

② 黏土岩。为黏土岩类中固结较紧的一种致密状岩石。吸水性和可塑性较弱,在水中不易泡软。这种岩石又叫泥岩。

③ 页岩。为黏土岩类中固结程度很好的一种岩石,成页片状,无吸水性和可塑性,在水中不能泡软。页岩可根据所含的次要成分来命名,如灰质页岩、铁质页岩、油页岩等。

3. 化学岩及生物化学岩类

主要是化学结构,有一些碳酸盐岩具碎屑结构,如竹叶状灰岩、鲕状灰岩。生物结构为主的较少见,这类岩石多为均匀的非晶质或隐晶质岩石,用肉眼看不出矿物颗粒,因此,用加盐酸起泡来区别是否碳酸盐岩。硬度大于小刀的是硅质岩,根据颜色可大致确定是铁质岩、锰质岩,用加钼酸铵和硝酸发生黄色沉淀来确定磷质岩等。

① 碳酸盐岩。主要由钙、镁的碳酸岩组成,分布广泛,在沉积岩中仅次于页岩和砂岩,

结构以碎屑结构和化学结构两种为主,最主要的岩石有石灰岩和白云岩。

石灰岩——由碳酸钙组成的岩石,常为灰色,由于含有机质多少不等,颜色可由浅到黑色,一般比较致密,断口呈贝壳状,硬度不大,加盐酸起泡,常因结构不同而给予不同名称。如鲕状灰岩和竹叶状灰岩等。同时灰岩中含有黏土矿物、硅质等杂质,分别称其为泥灰岩和硅质灰岩。石灰岩用作冶金熔剂、建筑材料。

白云岩——由白云石组成的岩石。与灰岩相似,所不同者是白云岩加盐酸起泡很微弱,肉眼不易观察,但粉末加盐酸则起泡强烈。白云岩可用作冶金熔剂、耐火材料等。

② 铁质岩。含大量铁的氧化物、碳酸盐、硫化物的岩石。如果其中铁质含量高时,即可成铁矿岩。如赤铁矿石、黄铁矿石等,是重要的钢铁或化工原料。

③ 锰质岩。富含锰的氧化物或碳酸盐。在成因、分布特点上皆与铁质岩相似,但其量少于铁质岩。是冶金工业的重要原料。

④ 硅质岩。由生物或化学成因的二氧化硅组成,其分布在化学及生物化学岩中占第二位,仅次于碳酸盐。通常把它们分为矽藻土、碧玉岩和燧石硅华等。

⑤ 磷质岩。含有大量磷酸钙的沉积岩。目前,把含五氧化二磷在 5%～8% 以上的磷质岩称为磷块岩。常见岩石有结核状磷质岩和层状磷质岩。

⑥ 铝质岩。它的矿物成分主要是铝的氧化物,其次是各种黏土矿物,是富含氧化铝(Al_2O_3)和含水铝矿物(铝的氢氧化物)的岩石。常见的结构有泥质结构、粉砂质结构,这两种结构的铝质岩在外貌上与泥岩非常相似,但铝土矿的硬度及比重大。铝土矿是主要的炼铝原料。

⑦ 蒸发岩。又叫盐岩类(盐岩),主要是钙、钠、钾、镁的氯化物或硫酸盐构成的岩石。产于潟湖与盐湖中,化学结构为主,常见的有盐岩、钾盐、芒硝、石膏等。

⑧ 可燃有机岩。主要由碳及碳氢化合物组成的岩石,是重要的化工原料和动力原料,主要岩石有泥炭、煤、石油、油页岩和沥青等。

实验四　煤样标本的鉴定

一、实验目的

(1) 认识不同成煤阶段煤的肉眼鉴定特征,重点为褐煤、长焰煤、气煤、肥煤、焦煤、瘦煤、贫煤、无烟煤。

(2) 认识四种煤岩成分和四种煤岩类型,以及它们与煤质的关系。

二、实验仪器、设备

常见煤样手标本、放大镜。

三、实验内容

1. 鉴别煤的种类

通过对煤样标本观察,鉴别煤的变质程度,并鉴别煤的种类,如褐煤、烟煤、无烟煤,在烟煤中要求划分出低变质烟煤,如长焰煤、气煤,中变质烟煤如肥煤、焦煤,高变质烟煤如瘦煤、贫煤。对一些特殊煤类也要有一定认识,如腐泥煤、残殖煤等。同时,对煤的结构构造进行观察与描述,绘制出素描图。

① 褐煤(HM):褐色,光泽弱,为土状光泽或弱玻璃光泽。易风化。水分多,密度小,不黏结,含腐殖酸,氧含量高,化学反应性强,热稳定性差,块煤加热时破碎严重,碎裂成小块或粉末,发热量低。

② 长焰煤(CY):高挥发分低级烟煤,点燃火焰高。沥青光泽,块状。

③ 气煤(QM):是煤化程度较低、挥发分较高的烟煤,受热后能生成一定量的胶质体,黏结性从弱到中等均有;单种煤炼焦时产生出的焦炭细长、易碎,并有较多的纵裂纹,焦炭强度和耐磨性均较差。在炼焦中能产生较多的煤气、焦油和其他化学产品,多作为配煤炼焦使用,也是生产干馏煤气的好原料。

④ 肥煤(FM):是煤化程度中等的烟煤,在受热到一定温度时能产生较多的胶质体,有较强的黏结性,可黏结煤中一些惰性物质;用肥煤单独炼焦时,能产生熔融良好的焦炭,但焦炭有较多的横裂纹,焦根部分有蜂焦,因而其强度和耐磨性比焦煤稍差,是炼焦配煤中的重要组分,但不宜单独使用。

⑤ 焦煤(JM):烟煤中煤化程度中等或偏高的一类煤,受热后能产生热稳定性较好的胶质体,具有中等或较强的黏结性;单种煤炼焦时可炼成熔融好、块度大、裂纹少、强度高而耐磨性又好的焦炭,是一种优质的炼焦用煤。

⑥ 瘦煤(SM):是烟煤中煤化程度较高、挥发分较低的一种,受热后能产生一定数量胶质体;单种煤炼焦时能炼成熔融不好、耐磨强度差、块度较大的焦炭,可作为炼焦配煤的原料,也可作为民用和动力燃料。

⑦ 贫煤(PM):烟煤中煤化程度最高、挥发分最低而接近无烟煤的一类煤,国外也有称之为半无烟煤。这种煤燃烧时火焰短,但热值较高,无黏结性,加热后不产生胶质体,不结焦,多做动力或民用燃烧使用。

⑧ 无烟煤(WY):煤化程度最高的一类煤,挥发分低,含碳量最高,光泽强,硬度高,密度大,燃点高,无黏结性,燃烧时无烟。

另外,还有一些特殊煤类,例如腐泥煤、腐殖腐泥煤、残殖煤、柴煤等。

腐泥煤:深褐色、灰黑色、条痕色为黄色。光泽暗淡,致密块状,贝壳状断口,具韧性。形似泥岩。

腐殖腐泥煤:由低等植物与高等植物遗体在水盆地的滨岸浅水地带混合堆积而成。其光泽暗淡,块状,挥发分、氢含量高,焦油产率高。类型有烛煤、烛藻煤和煤精等。烛煤为黑色或褐色,丝绢状或油脂光泽,贝壳状断口或圆形断口,无层理或显示不明显的微细水平层理;致密块状,硬度大,韧性好,比重小,易被火点燃,烟浓焰长,明亮如蜡,故名烛煤。煤精由红褐色、褐黄色的混合基质形成;黑色,水平层理,有时显微波状层理,致密块状,韧性大,质轻。

残殖煤:主要由高等植物中的稳定组分富集而成。可分为角质残殖煤、树皮残殖煤、孢子残殖煤、树脂残殖煤等。

柴煤:为没有经过成煤作用由植物遗体经压实而成,保持了植物的组织结构。

2. 辨别腐殖煤的宏观煤岩类型

腐殖煤的宏观煤岩类型是用肉眼可以区分的煤的基本组成单位,包括:镜煤、亮煤、暗煤和丝炭。观察手标本时,应认真观察并仔细描述其颜色、光泽、断口、微层理、裂隙等各项物性特征,进而练习识别宏观煤岩类型的主要指标:

① 镜煤。镜煤的颜色深黑、光泽强，是煤中颜色最深和光泽最强的成分。它质地纯净，结构均一，具贝壳状断口和内生裂隙。镜煤性脆，易碎成棱角状小块。在煤层中，镜煤常呈凸透镜状或条带状，条带厚几毫米至 1～2 cm，有时呈线理状存在于亮煤和暗煤之中。镜煤是由植物的木质纤维组织经凝胶化作用转变而成的。镜煤的显微组成比较单一，是一种简单的宏观煤岩成分。

② 亮煤。亮煤的光泽仅次于镜煤，一般呈黑色，较脆易碎，断面比较平坦，比重较小。亮煤的均一程度不如镜煤，表面隐约可见微细层理。亮煤有时也有内生裂隙，但不如镜煤发育。在煤层中，亮煤是最常见的宏观煤岩成分，常呈较厚的分层，有时甚至组成整个煤层。亮煤的组成比较复杂。

③ 暗煤。暗煤的光泽暗淡，一般呈灰黑色，致密坚硬，比重大，韧性大，不易破碎，断面比较粗糙，一般不发育内生裂隙。在煤层中，暗煤是常见的宏观煤岩成分，常呈厚、薄不等的分层，也可组成整个煤层。暗煤的组成比较复杂。

④ 丝炭。丝炭外观像木炭，颜色灰黑，具明显的纤状结构和丝绢光泽，疏松多孔，性脆易碎，能染指。丝炭的胞腔有时被矿物质充填，称为矿化丝炭，矿化丝炭坚硬致密，比重较大。在煤层中，丝炭常呈扁平透镜体沿煤层的层理面分布，厚度多在 1～2 mm，甚至几毫米之间，有时能形成不连续的薄层；个别地区，丝炭层的厚度可达几十厘米以上。丝炭是植物的木质纤维组织在缺水的多氧环境中缓慢氧化或由于森林火灾所形成。丝炭也是一种简单的宏观煤岩成分。丝炭的孔隙率大。

除上述 4 种成分外，有学者提出过暗亮煤和亮暗煤，用以描述介于亮煤和暗煤之间的煤岩类型，前者接近于亮煤，后者接近于暗煤。

划分煤岩成分时应注意下列事项：

① 只有条带厚度大于 3～5 mm 时，才能单独构成一个煤岩成分，小于这个厚度则应与相邻的条带归为一个煤岩成分。

② 肉眼条件下划分煤岩成分与显微镜下所鉴定的显微煤岩类型之间具有一定的联系，但没有完全必然的联系，一般说来，单元组分的煤岩成分（镜煤和丝炭）可以对应于相应的显微煤岩类型（微镜煤和微惰煤），但复组分的煤岩成分（亮煤和暗煤）却往往由一个以上的不同的显微煤岩类型构成。

3. 辨别腐殖煤的宏观煤岩组合类型

以上述四种宏观煤岩类型为基本单位，可组合成不同的宏观煤岩组合类型。可根据下列特征与术语对所观察的标本进行描述和分类：

① 光亮煤：主要由镜煤和亮煤（＞80％）组成，光泽很强。由于成分比较均一，常呈均一状或不明显的线理状结构。内生裂隙发育，脆度较大，容易破碎。光亮煤的质量最好，中煤化程度时是最好的冶金焦用煤。

② 半亮煤：亮煤和镜煤占多数（50％～80％），含有暗煤和丝炭。光泽强度比光亮煤稍弱。由于各种宏观煤岩成分交替出现，常呈条带状结构。具棱角状或阶梯状断口。

③ 半暗煤：镜煤和亮煤含量较少（20％～50％），而暗煤和丝炭含量较多，光泽比较暗淡，常具有条带状、线理状或透镜状结构。半暗煤的硬度、韧性和比重都较大，半暗煤的质量多数较差。

④ 暗淡煤：镜煤和亮煤含量很少（＜20％），而以暗煤为主，有时含较多的丝炭。光泽暗

淡,不显层理,块状构造,呈线理状或透镜状结构,致密坚硬,韧性大,比重大。暗淡煤的质量多数很差,但含壳质组多的暗淡煤的质量较好,且比重小。

根据以上特征,综合起来为所观察的煤标本进行宏观煤岩组合类型定名。

4. 煤的结构和构造

（1）煤的结构

煤的结构是指煤的组成成分的各种特征,包括形态、厚度、大小、植物组织残迹以及它们之间的数量关系变化等,依据观察方法的不同,可分为宏观结构和显微结构;依据成因又可分为原生结构（泥炭化时期形成的）和次生结构（煤化作用期间在构造运动等外力下形成的）两类。

宏观的原生结构常见的有:条带状结构、线理状结构、透镜状结构、均一状结构、粒状结构、致密状结构、叶片状结构、木质结构、纤维结构等。

① 条带状结构:煤岩成分呈条带状相互交替出现。按条带的宽窄,可分为宽条带状结构（条带宽大于 5 mm）、中条带状结构（条带宽 3～5 mm）和细条带状结构（条带宽 1～3 mm）。条带状结构在烟煤的半亮煤和半暗煤中最为常见,褐煤和无烟煤中条带状结构不明显。

② 线理状结构:指镜煤、丝炭、黏土矿物等以厚度小于 1 mm 的线理断续分布于煤中,形成线理状结构。半暗煤和半亮煤中常见。据线理之间交替的线距,又可分为密集线理状结构和稀疏线理状结构。

③ 凸镜状结构:指镜煤、丝炭、黏土矿物、黄铁矿等,常以大小不等凸镜体形式散布于煤中,构成凸镜状结构。半暗煤和暗淡煤中常见,有时光亮煤中也可见到。

④ 均一状结构:指组成成分较单纯、均匀,形成均一状结构。如镜煤、腐泥煤、腐殖腐泥煤类等,都具有均一状结构。光亮煤和暗淡煤有时也表现出均一状结构。

⑤ 粒状结构:由于煤中散布着大量的孢子或矿物杂质,使煤呈现出粒状结构。多见于暗煤或暗淡煤中。有时含黄铁矿鲕粒或含黄铁矿结核而呈鲕粒状结构或豆状结构,它们为粒状结构的变种。

⑥ 叶片状结构:煤中有大量的木栓层或角质层,使煤呈现纤细的页理,如叶片状、纸片状等,煤易被分成薄片。角质残殖煤和树皮残殖煤具有叶片状结构。

⑦ 木质状结构:煤中保存了植物茎部的木质纤维组织的痕迹,植物茎干的形态清晰可辨,称木质状结构。褐煤中常可见到木质状结构,有些低煤阶烟煤中也可见到。如我国山西繁峙褐煤中保存有良好的木质状结构而被称为"紫皮炭"。

⑧ 纤维状结构:为丝炭所特有,它是植物根茎组织经丝炭化作用而形成。可见到植物原生的细胞结构沿着一个方向延伸表现出纤维状,疏松多孔。观察时要在煤层层面的丝炭上才可见到。

煤的结构往往不是单一的,常见的几种结构同时存在,如细条带—线理状结构、透镜状—线理状结构。

构造煤中可以见到各种次生的宏观结构,如碎裂结构（煤被密集的次生裂隙相互交切成碎块,但碎块之间基本没有位移）、碎粒结构（主要粒径＞1 mm,大部分煤粒由于相互间摩擦已失去棱角）、糜棱结构（煤已成较细的粉末,主要粒径＜1 mm,有时被重新压紧）。

（2）煤的构造

煤的构造是指煤的组成成分在空间的排列和分布特点以及它们之间的相互产出关系，它们与煤的组成成分的自身特点无关，而与泥炭的堆积环境和煤化程度有关，煤的构造同样也可分为宏观和微观，以及原生和次生大类。

煤的原生宏观构造包括层状和块状两种，层状构造反映成煤沼泽中水流的活动状态，而块状构造则表明成煤沼泽的滞留状态。

由于构造变动而形成的构造煤中具有滑动镜面、鳞片状构造、揉皱状构造等次生的宏观构造。

四、实验步骤

观察与描述煤样标本时，按以下顺序进行：

（1）观察泥炭、褐煤、长焰煤、焦煤、贫煤、无烟煤等的肉眼鉴定特征。

（2）观察四种宏观煤岩成分：镜煤、亮煤、暗煤、丝炭的特征。

（3）观察四种宏观煤岩类型：光亮煤、半亮煤、半暗煤、暗淡煤的特征，以及与宏观煤岩成分的关系。

（4）观察煤的结构和构造。

五、实验报告要求

（1）实验报告内容要包括实验目的、实验仪器设备、实验步骤、文字说明和心得体会部分等。

（2）心得体会部分，需要结合"煤矿地质学"课程的理论学习内容。

六、实验注意事项

（1）实验前注意复习有关内容。

（2）观察时注意相似煤岩标本之间的比较。

（3）实验标本要轻拿轻放，以免造成标本破坏。

（4）做好观察记录。

七、思考题

如何鉴别煤的种类。

第五章 "矿山测量学"实验——高程、角度测量及数据处理综合实验

一、实验目的

（1）通过对微倾水准仪及自动安平水准仪的认识和使用，使同学们熟悉水准测量的常规仪器、附件、工具；掌握闭合导线水准测量的操作方法以及数据处理。

（2）通过对光学经纬仪及电子经纬仪的认识与使用，使得同学们熟悉经纬仪角度测量以及经纬仪导线测量的操作方法，并掌握数据计算与处理方法。

（3）通过实验熟练掌握高程、角度测量的外业操作方法与内业数据处理。

二、实验仪器、设备

（1）自动安平水准仪 4 台、电子经纬仪 3 台、光学经纬仪 1 台、三脚架 4 个、标尺 4 根。

（2）自备：铅笔、草稿纸、实验报告记录册。

三、实验原理

1. 水准测量的原理

如图 5-1 所示，设在地面 A、B 两点上竖立标尺（水准尺），在 A、B 两点之间安置水准仪，利用水准仪提供一条水平视线，分别截取 A、B 两点标尺上读数 a、b，显然 $H_A + a = H_B + b$，则 A、B 两点的高差 h_{AB} 可写为 $h_{AB} = a - b$。A 点高程 H_A 已知，可求出 B 点高程 $H_B = H_A + h_{AB}$。

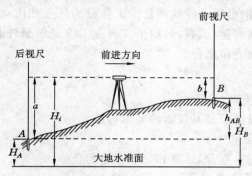

图 5-1　水准测量原理

规定 A 点水准尺读数 a 为后视读数，B 点水准尺读数 b 为前视读数。

如果 A、B 两地距离较远时，可以用连续水准测量的方法。中间可设置转点（临时高程传递点，须放置尺垫）。

2. 经纬仪角度测量原理

（1）测水平角

从一点出发的两空间直线在水平面上投影的夹角即二面角,称为水平角。其范围:顺时针 $0° \sim 360°$。如图 5-2 所示,O 点到 A、B 两目标的方向线 OA 和 OB 在某水平面上的垂直投影 O_1A_1 和 O_1B_1 的夹角 $\angle A_1O_1B_1$ 即为水平角 β_1。由此可见,地面上任意两直线间的水平夹角,就是通过两直线所作铅垂面间的两面角。

(2)测竖直角

在同一竖直面内,目标视线与水平线的夹角,称为竖直角。其范围在 $0° \sim \pm 90°$ 之间。如图 5-3 所示,当视线位于水平线之上,竖直角为正,称为仰角($\alpha > 0$);反之,当视线位于水平线之下,竖直角为负,称为俯角($\alpha < 0$)。

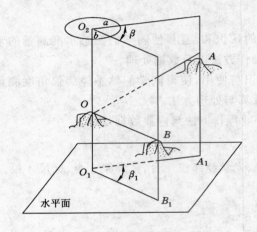

图 5-2 水平角测量

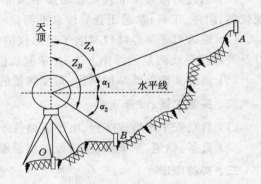

图 5-3 竖直角测量

(3)经纬仪导线测量

导线测量主要是测定导线边长及其转折角,然后根据起始点的已知坐标和起始边的坐标方位角,计算各导线点的坐标。导线测量的工作分为外业和内业。外业工作一般包括踏勘选点、测角、量边和连接测量(或联测)四步。内业工作是根据外业的观测成果经过计算,最后求得各导线点的平面直角坐标。

四、实验内容

1. 水准仪的认识和使用

学习水准仪高程测量的原理及仪器的基本构成。

2. 闭合导线水准测量

测量闭合水准路线的高程差,计算和分配高差闭合差。

3. 经纬仪操作规范及角度测量

掌握经纬仪的基本操作,会使用电子及光学经纬仪测量水平角和竖直角。

4. 经纬仪导线测量

学习经纬仪的控制测量,计算并分配坐标增量闭合差及导线点坐标。

五、实验步骤

1. 水准仪的认识和使用

(1)仪器介绍

指导教师现场通过演示讲解水准仪的构造、安置及使用方法;水准尺的刻画、标注规律及读数方法。老师要强调保护仪器、人人动手、互相协作。

(2) 选择场地架设仪器并认识仪器

从仪器箱中取水准仪时,注意仪器装箱位置,以便用后装箱。对照实物正确说出仪器的组成部分,各螺旋的名称及作用。

(3) 整平

先用双手按相对(或相反)方向旋转一对脚螺旋,观察圆水准器气泡移动方向与左手拇指运动方向之间运行规律,再用左手旋转第三个脚螺旋,经过反复调整使圆水准器气泡居中。

(4) 瞄准

先将望远镜对准明亮背景,旋转目镜调焦螺旋,使十字丝清晰;再用望远镜瞄准器照准竖立于测点的水准尺,旋转对光螺旋进行对光;最后旋转微动螺旋,使十字丝的竖丝位于水准尺中线位置上或尺边线上,完成对光,并消除视差。

(5) 读数

用十字丝中丝读取米、分米、厘米、估读出毫米位数字,并用铅笔记录。

(6) 计算

读取立于两个或更多测点上的水准尺读数,计算不同点间的高差。

2. 闭合导线水准测量

(1) 根据教师给定(或自选)的已知高程点,在测区选点。选择 2~4 个待测高程点,标明点号,形成一条闭合水准路线。

(2) 在距已知高程点(起点)与第一个待测点大致等距离处架设水准仪,在起点与第一个待测点上竖立尺。

(3) 仪器整平后便可进行观测,同时记录观测数据。

(4) 第一站施测完毕,检核无误后,水准仪搬至第二站,第一个待测点上的水准尺立尺位置不变,尺面转向仪器;另一把水准尺竖立在第二个待测点上进行观测,依此类推。

(5) 当两点间距离较长或两点间的高差较大时,在两点间可选定一或两个转点作为分段点,进行分段测量。在转点上立尺时,尺子应立在尺垫上的凸起物顶上。

(6) 水准路线施测完毕后,求出水准路线高差闭合差,以对水准测量路线成果进行检核。

(7) 在高差闭合差满足要求($f_{h容} = \pm 40\sqrt{L(\mathrm{km})}$,单位 mm)时,对闭合差进行调整,求出数据处理后各待测点高程。

(8) 进行检核时须测得每一段长度,从而求得总长 L,如测 AB 段长度时,将水准仪架在 A 点上,标尺立在 B 点上,读出上丝与下丝读数,则 L_{AB}=(上丝一下丝)×100。

3. 经纬仪操作规范及角度测量

(1) 观测水平角

① 选定某点 O,安置好经纬仪,选择 2 个点,设标志,分别以 A,B 命名。

② 将 O 点作为测站点,安置经纬仪进行对中、整平。

③ 置望远镜位于盘左位置(也称正镜位置),瞄准左边第一个目标 A。

利用光学经纬仪配置的复测扳手,设置度盘读数。将水平度盘读数拨到 0°或略大于 0°

的位置上,再将照准部(带着水平度盘)转动,瞄准左边第一个目标 A。打开复测扳手,使其复位。再瞄准目标 A,读数并做好记录。(只测一个测回,也可不作度盘读数设置)

④ 按顺时针方向,转动望远镜瞄准右边第二个目标 B,读取水平度盘读数,记录,并在观测记录表格中计算盘左上半测回水平角值(B 目标读数 $-A$ 目标读数)。

⑤ 将望远镜盘左位置换为盘右位置(即倒镜位置),先瞄准右边第二个目标 B,读取水平度盘读数,记录。

⑥ 按逆时针方向,转动望远镜瞄准左边第一个目标 A,读取水平度盘读数,记录,并在观测记录表格中计算出盘右下半测回角值(B 目标读数 $-A$ 目标读数)。

⑦ 两个上、下半测回角值,取平均求出一测回平均水平角值。

(2)观测竖直角

① 在给定的测站点上安置经纬仪,对中、整平。

② 选定远处较高的建(构)筑物,如:水塔、楼房上的避雷针、天线等作为目标,也可自己设定目标。

③ 用望远镜盘左位置瞄准目标,用十字丝中丝切于目标顶端。

④ 读取竖盘读数 L,在记录表格中做好记录,并计算盘左上半测回竖直角值 $\alpha_{左}$。

⑤ 再用望远镜盘右位置瞄准同一目标,同法进行观测,读取竖盘读数 R,记录并计算盘右下半测回竖直角值 $\alpha_{右}$。

⑥ 计算竖盘指标差 $x = \frac{1}{2}(\alpha_{右} - \alpha_{左}) = \frac{1}{2}(R + L - 360°)$,在满足限差($|x| \leqslant 25''$)要求的情况下,计算上、下半测回竖直角的平均值 $\alpha = \frac{1}{2}(\alpha_{左} + \alpha_{右})$,即一测回竖角值。(只要求一个测回)

4. 经纬仪导线测量

① 指导教师现场讲解 DJ6 光学经纬仪及电子经纬仪的构造,各螺旋的名称、功能及操作方法,仪器的安置及使用方法。老师要强调保护仪器、人人动手、互相协作。

② 选点。先在规定的区域内布设闭合导线(三角形),然后展开导线测量。

闭合导线的折角,观测闭合图形的内角。瞄准目标时,应尽量瞄准测钎的底部(或地面画的点)。量边要量水平距离。

③ 外业流程:测 A 角 → 测 B 角 → 测 C 角;量边 AB → 量边 BC → 量边 CA。

④ 导线测量的内业计算:

计算各导线点的坐标的内业工作是下一步测量工作的基础。

计算前的准备:全面检查导线外业记录;数据是否齐全,有无错误;成果检核是否符合精度要求;绘制导线略图,并将各项数据置于图上相应位置。

将观测数据及起算数据填表并作略图。

导线测量内业计算中数字取位的要求:角值取至秒;边长及坐标取至毫米。

六、实验报告要求

(1)按照实验指导书的格式简述实验目的、基本要求、实验内容以及实验原理。

(2)详细写明具体步骤,实验过程中遇到的问题以及如何处理。

(3)分析处理测得的数据,并计算。

七、实验注意事项

（1）三脚架应支在平坦、坚固的地面上，架设高度应适中，架头应大致水平，稳定。

（2）安放仪器时应将仪器连接螺旋旋紧，防止仪器脱落。

（3）各螺旋的旋转应稳、轻、慢，禁止用蛮力，最好使用螺旋运行的中间位置。

（4）瞄准目标时必须注意消除误差，应习惯先用瞄准器寻找和瞄准。

（5）立尺时，应站在水准尺后，双手扶尺，以使尺身保持竖直。

（6）读数前，应仔细对光以消除视差。

（7）读数时不要忘记精平。注意勿将上、下丝的读数误读成中丝读数。

（8）观测过程中不得进行粗平。若气泡发生偏离，应整平仪器后，重新观测。

八、思考题

（1）什么叫视差？它是怎样产生的？如何消除？

（2）在水准测量中为什么要求前后视距相等？

（3）观测水平角时，对中和整平的目的是什么？

（4）闭合导线的坐标计算中坐标增量闭合差的调整原则是什么？

第六章 "液压传动"实验——液压基本回路

一、实验目的

（1）了解和熟悉液压元件的工作原理。

（2）了解和熟悉液压基本回路。

（3）加强学生的动手能力和创新能力。

二、实验仪器、设备

液压与气压传动综合实训装置。

三、实验原理

如图6-1所示。

四、实验内容

液压系统设计:(1)调速回路;(2)增速回路;(3)速度换接回路;(4)调压回路;(5)保

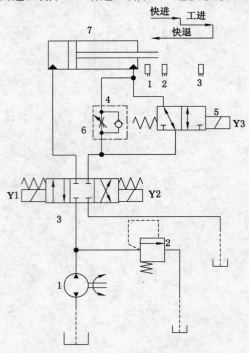

图 6-1 液压原理图

1——泵站电机;2——溢流阀;3——三位四通电磁阀;4——调速阀;

5——二位二通电磁阀;6——节流阀;7——液压油缸

压,泵卸荷回路;(6)减压回路;(7)平衡回路;(8)多缸顺序控制回路;(9)同步回路。

该实验装置中各个液压元件成独立模块,均装有带弹性插脚的底板,实验时可在通用铝型材板上组装成各种液压系统回路,布局灵活,回路清晰、明了。为了解决液压传动机构噪声大、振动大的缺点,装置将电机和泵轴承式连接(一体化),再和油箱固定在一起,在振源处加防振圈,油箱和控制屏单独放置,使振源和其他机构不形成共振,大大降低了装置的噪声和振动。液压回路可采用独立的继电器控制单元进行电气控制,也可采用 PLC 控制,通过比较,突出 PLC 控制的优越性,加深对 PLC 的了解及掌握。液压回路采用快速接头,电控回路采用带防护功能的专用实训连接导线,搭建回路时由学生根据指导书或自行设计手动搭建系统回路;配套液压元件齐全,可自行设计较为复杂的应用系统。能锻炼学生理论结合实际的动手能力及思考能力,具有很强的实训性。装置带有电流型漏电保护,对地漏电电流超过 30 mA 即切断电源;电气控制采用直流 24 V 电源,并带有过流保护,防止误操作损坏设备;三相电源断相、相序保护,当断相或相序改变后,切断回路电源,以防止电机反转而损坏油泵;系统额定压力为 6.3 MPa,当超过此值时,自动卸荷。

学生可根据情况选择实验以上内容,也可根据液压教学系统所提供的元件自己设计液压系统并经指导老师同意实行,未经指导老师检查同意,学生不得随意更改系统开机。

五、实验步骤

(1)通过参考相关资料,正确设计相关液压系统的基本回路。

(2)液压系统的连接。

① 熟悉该液压回路的工作原理图以及理解 PLC 程序。

② 按照原理图连接好回路,确认回路连接无误,将程序传输到 PLC 内,接近开关 1、接近开关 2、接近开关 3 插入 PLC 相应的输入端口,电磁阀 Y1、Y2、Y3 的电磁线插入 PLC 相应的输出端口。

③ 打开溢流阀,开启电源,启动泵站电机。调节系统压力,Y1 电磁阀得电时,三位四通电磁阀左位开始工作,液压缸有杆腔的油直接从二位二通电磁阀快速回到油箱,当活塞杆运动到接近开关 2 时,Y3 电磁阀得电,二位二通电磁阀由常开变为常闭,回油经调速阀 4 进入油箱,液压缸做工进运动。当活塞杆运动到接近开关 3 时,三位四通电磁阀右位工作,液压缸快速复位。调节溢流阀,让回路在不同的系统压力的情况下反复运行多次,观测它们之间的运动情况。

(3)实验完毕,清理实验台,将各元器件放入原来的位置。

六、实验报告要求

(1)填写实验目的与实验内容。

(2)填写实验原理。

(3)分析实验结果。

七、实验注意事项

注意所设计液压回路组成、特性。

八、思考题

各种液压回路原理图。

第七章 "采矿学"实验

实验一 采矿模型演示实验

一、实验目的

通过对采矿模型的讲解,使学生了解不同类型的采煤方法、采煤工艺、巷道布置形式等,认清各种巷道的作用及其相互间的联系和交岔关系;熟悉井底车场的布置方式、调车方式及各种硐室的设置,建立矿井开拓的空间概念。

二、实验仪器、设备

综掘采煤工艺仿真模型、立井多水平采区式划分开拓模型、立井刀式环形井底车场模型、近水平煤层联合布置的上山采区、单一薄及中厚煤层倾斜长壁式巷道布置、伪倾斜柔性掩护支架采煤法巷道布置、倾斜分层长壁工作面巷道布置、急倾斜单一煤层采区巷道布置、立井罐笼提升与保护演示装置、立井箕斗多绳摩擦轮提升与演示装置。

三、实验内容

(1) 综采、普采工艺在采煤工作面内进行的破煤、装煤、运煤、支护和处理采空区等工序的操作顺序和相互配合的过程。

井下主要系统:

① 运输提升系统

矿井的运输提升系统包括主要运输提升系统和辅助运输提升系统。这两个系统的作用是利用各种运输和提升设备,将煤炭和矸石从采煤工作面运出并提到地面;同时,从地面将各种材料、设备、人员等运送到井下各工作地点。

② 通风系统

通风系统是利用各种通风设备和通风设施,不断地把地面的新鲜空气按着一定的路线、一定的风速、风量运送到井下各用风地点;同时把井下的乏风排至地面,并将井下各种有害气体稀释到《煤矿安全规程》所允许的浓度以下,以保证井下工作人员身心健康和设备的正常运转。通风还可以调节井下的温度等,改善井下工作环境。

③ 供电系统

供电系统是利用各种设备和电缆,将地面变电所的高压电,按矿井用电设施的要求进行降压或变流后送到用电地点,以保证用电设备的正常运转。要求供电系统必须完善,且为双路供电。

④ 排水系统

排水系统的作用是利用排水设备,将井下涌水排至地面,以维持矿井正常生产。要求排水系统必须有足够的排水能力和较高的运行可靠性。

⑤ 压风系统

压风系统的作用是利用空气压缩机对空气加压,然后用风管供给井下各种风动工具,为其提供动力。要求矿井必须按设计配备足够的压风设备,建立压风系统。

地面主要系统:

① 排矸与运料系统

矿井在建设和生产期间,由于掘进和回采,随时都要补充大量的材料,更换和维修各种机电设备,并排出大量矸石。材料、设备、矸石的运输通过副井进行。

② 地面工业广场

矿井地面工业广场是用来布置各种地面生产系统和建筑物、结构物的。确定建筑物、结构物的位置时,应首先确定几个布置建筑物、结构物的中心,使各建筑物、结构物围绕这几个中心来安排。而中心是根据矿井地面生产系统中起决定作用的主要厂房、车库及运输干线来考虑的。一般都是以主井、副井及铁路装车站作为布置中心,然后考虑一些建筑物,如变电所、锅炉房、通风机房、压风机房、机修厂、材料库、坑木场、办公室、浴室、矿灯房等。

(2)煤巷掘进的相关工艺。

(3)单一煤层走向长壁采煤法和煤层群联合布置采区的巷道布置。

(4)采区巷道布置的各种方式及巷道连接关系。

(5)近水平煤层联合上山采区巷道布置及生产系统。

(6)急倾斜煤层巷道布置及生产系统。

四、实验步骤

(1)实验教师对照采矿模型讲解实验内容及重点难点。

(2)学生在教师的指导下自主分析研究采矿模型。

五、实验报告要求

(1)实验报内容要包括实验目的、实验仪器与设备、实验步骤、文字说明和心得体会部分等。

(2)图形绘制时,学生参照采矿模型,任选其中1个模型,需采矿模型图形(可采用照片或CAD图),并对此模型进行详细的文字说明,包括巷道名称、生产系统、适用条件等。

结合课堂教学,参考教材中有关附图,将以上模型与课本附图相比较。复习采区巷道布置类型和各种回采工艺过程,并寻求模型与附图的差异,并将自己发现的问题简要写在模型课作业纸上。

根据模型作图:例如绘出单一煤层上山采区巷道布置平、剖面图(可按 $1:3\sim1:5$ 绘制),并在图中标出巷道名称及生产系统。

(3)心得体会部分,需要结合"采矿学"课程的理论学习内容,对比参观的各采矿模型进行说明。

六、实验注意事项

在实验过程中,教师讲解演示,避免学生损坏模型;学生实验过程中教师应提出有关问题让学生解答。

七、思考题

(1) 参考教材中有关附图,将以上模型与课本附图相比较。复习采区巷道布置的类型和各种回采工艺过程,并寻找模型与附图的差异,简要写出本次实验的体会。

(2) 试述综采工作面的设备。

实验二 现代化矿井仿真实验

一、实验目的

通过对现代化矿井仿真模型的讲解,使学生掌握立井开拓方式、采区式巷道布置、带区式巷道布置、不同采煤方法的区别等,建立矿井开拓的空间概念;让学生通过绘制现代化矿井仿真模型,认清开拓巷道、准备巷道、回采巷道相互间的联系和交岔关系,掌握矿井的生产系统;熟悉井底车场的布置方式、调车方式及各种硐室的设置。

二、实验仪器、设备

现代化矿井仿真模型。

三、实验内容

(1) 教师对现代化矿井仿真模型讲解,按照采区式巷道布置、带区式巷道布置、矿井开拓与井底车场等部分进行。

(2) 学生在教师的指导下自主分析研究现代化矿井仿真模型,并按1∶10的比例,分成采区式巷道布置、带区式巷道布置、井底车场三部分绘制现代化矿井仿真模型。

四、实验步骤

1. 采区式巷道布置

(1) 启动模型设备系统控制台。

(2) 讲解采区式巷道的运输、通风、供电和排水系统。

(3) 学生提问。

(4) 关闭模型设备系统控制台。

2. 带区式巷道布置

(1) 启动模型设备系统控制台。

(2) 讲解带区式巷道的运输、通风、供电和排水系统。

(3) 学生提问。

(4) 关闭模型设备系统控制台。

3. 井底车场

(1) 启动模型设备系统控制台。

(2) 讲解井底车场的硐室组成和采煤、材料等运行路线。

(3) 学生提问。

(4) 关闭模型设备系统控制台。

五、实验报告要求

(1) 实验报告内容要包括实验目的、实验仪器与设备、实验步骤、图形绘制和文字说明部分等。

（2）图形绘制时，学生参照现代化矿井仿真模型，分成采区式巷道布置、带区式巷道布置、井底车场三部分，按 1∶10 的比例绘制模型平面图，并作简要的文字说明巷道名称、生产系统等。

六、实验注意事项

在实验过程中，教师讲解演示，避免学生损坏模型；学生实验过程中教师应提出有关问题让学生解答。实验应按操作说明进行，未经许可学生不得操作实验模型上的装置和仪器。

开启和关闭模型应按下列顺序进行：

（1）启动模型系统控制台；

（2）打开工作面模型控制台电源；

（3）关闭工作面模型控制台电源；

（4）打开运输系统控制台电源；

（5）关闭运输系统控制台电源；

（6）打开矿井提升系统控制台电源；

（7）关闭矿井提升系统控制台电源；

（8）关闭模型系统控制台。

七、思考题

（1）比较综采、综放、普采的区别。

（2）参考教材中有关附图，将以上模型与课本附图相比较，寻找模型与附图的差异，简要写出本次实验的体会。

第八章 "矿井通风与安全"实验

实验一 矿井通风与安全综合演示实验

一、实验目的

(1) 使学生掌握常见的矿井通风系统类型及灾变时矿井反风系统。

(2) 使学生了解煤层注水钻孔和瓦斯抽采钻孔常用布置方式。

(3) 使学生掌握矿井粉尘监测点的布置位置。

(4) 使学生掌握煤矿五大灾害的特性及预防技术措施。

(5) 使学生掌握矿井火灾和水灾避灾路线设计原则。

二、实验仪器、设备

现代矿井通风系统与安全演示装置;矿井火灾综合模拟实验装置;全矿井综合防尘系统演示装置;矿井五大灾害防治展示板;矿井避灾路线展示板。

三、实验原理

通过实验演示装置的功能按钮实现各种功能转换演示。

四、实验步骤

1. 现代矿井通风系统与安全演示装置

(1) 按下按钮"分区对角"演示分区对角式通风系统。

(2) 按下按钮"两翼对角"演示两翼对角式通风系统。

(3) 按下按钮"中央并列"演示中央并列式通风系统。

(4) 按下按钮"中央边界"演示中央边界式通风系统。

(5) 按下按钮"矿井反风"演示全矿井反风系统。

(6) 按下按钮"局部反风"演示采煤工作面局部反风。

(7) 按下按钮"煤层注水"演示采煤工作面煤层注水防降尘注水钻孔布置形式。

(8) 按下按钮"瓦斯抽采"演示采煤工作面两巷扇形抽采钻孔布置形式。

2. 矿井火灾综合模拟实验装置

(1) 按下按钮"正常通风"演示矿井正常通风系统。

(2) 按下按钮"矿井反风"演示井底车场发生火灾时的反风形式。

(3) 按下按钮"局部反风"演示厚煤层分层开采时,在联合运输平巷发生火灾时的反风形式。

(4) 按下按钮"灾变逆转"演示上分层采面风流逆转。

3. 井下综合防尘系统模型

(1) 按下按钮"通风"演示矿井正常通风系统。

(2) 按下按钮"粉尘监测"演示全矿井主要粉尘监测点的分布。

(3) 按下按钮"消防降尘"演示全矿井消防降尘洒水系统。

4. 矿井五大灾害防治技术展示板

通过讲解和展板光显线路演示。

5. 矿井避灾路线演示板

(1) 按下按钮"通风"演示矿井正常通风系统。

(2) 按下按钮"火灾避灾"演示采掘工作面发生火灾时的避灾路线。

(3) 按下按钮"水灾避灾"演示采掘工作面发生水灾时的避灾路线。

五、实验报告要求

(1) 实验报告中有关专业班级、学生姓名、学号、实验项目名称、实验指导教师、实验日期等信息应完整且准确无误。

(2) 实验报告内容。一般包括实验目的、实验原理、实验仪器与设备、实验步骤、实验记录(原始数据记录、数据处理及分析等)、实验结果与讨论、实验思考题的回答等内容。

(3) 实验报告用统一的实验报告册编写。

六、实验注意事项

在进行演示实验时,不要敲打、扭拧实验装置相关部件。

七、思考题

(1) 中央式和对角式通风系统的区别。

(2) 井下局部反风和全矿井反风优缺点分析。

(3) 井下作业场所常用的防降尘措施有哪些?

实验二 巷道通风阻力测定与分析

一、实验目的

(1) 皮托管、U 形压差计等仪器的认识与使用。

(2) 巷道风流点压力测定。

(3) 巷道断面的平均风速测定。

(4) 巷道摩擦阻力及摩擦阻力系数的测定与分析。

(5) 巷道局部阻力及局部阻力系数的测定与分析。

二、实验仪器、设备

矿井通风与安全仿真实验装置、皮托管、U 形水柱计、空盒气压计、热球风速计、风表、秒表、皮管、卷尺。

三、实验原理

1. 井巷风流点压力测定原理

皮托管结构示意图如图 8-1 所示,皮托管与压差计布置如图 8-2 所示,图 8-2(a)为压入式通风,图 8-2(b)为抽出式通风。皮托管"+"管脚接受该点的绝对全压 $p_全$,皮托管"—"管脚接受该点的绝对静压 $p_静$,压差计开口端接受同标高的大气压 p_0。所以 1、4 压差计的读数为该点的相对静压 $h_静$;2、5 压差计的读数为该点的动压 $h_动$;3、6 压差计的读数为相对全压 $h_全$。就相对压力而言,$h_全 = h_静 \pm h_动$,压入式通风为"+",抽出式通风为"—"。通过本实验数据可以验证相对压力之间的关系。

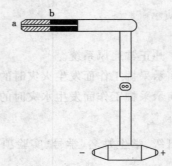

图 8-1　皮托管结构示意图

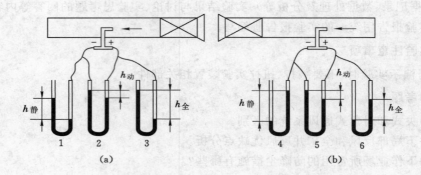

图 8-2　皮托管与压差计的布置方法

2. 井巷某断面平均风速和风量测算原理

风流在井巷中流动时,各点的风速并不一致,用皮托管测得的动压,实际上是风流在井巷中流动时,皮托管所在测试断面风流某点的动压值,而不是整个断面风流动压的平均值。在实际工作中,由于时间限制,逐点测定并计算平均值是比较困难的。通常只测量断面中心点最大动压值,然后根据式(8-2)和式(8-3)计算平均风速。求得测点断面的平均风速后,根据式(8-4)可求得井巷断面通过的风量。

最大动压平均值为:

$$h_{动大均} = \frac{h_{动大1} + h_{动大2}}{2}, \mathrm{Pa} \tag{8-1}$$

平均最大风速为:

$$v_大 = \sqrt{\frac{2h_{动大均}}{\rho}}, \mathrm{m/s} \tag{8-2}$$

井巷平均风速为:

$$v_均 = K v_大, \mathrm{m/s} \tag{8-3}$$

式中 K——速度场系数。

井巷风量为：

$$Q_i = v_{i均}S_i, \text{m}^3/\text{s} \tag{8-4}$$

式中 $v_{i均}$——测点断面平均风速；

S_i——测点断面面积。

3. 水平井巷摩擦阻力与摩擦阻力系数的测定原理

根据能量方程可知，当井巷水平放置时，两测点之间井巷断面相等，没有局部阻力，且空气密度近似相等时，则两点之间的摩擦阻力（$h_摩$）就是通风阻力（$h_{阻1-2}$），它等于两点之间的绝对静压差（$h_摩 = h_{阻1-2} = p_1 - p_2$）。

井巷摩擦阻力计算式：

$$h_摩 = \alpha \frac{LU}{S^3}Q^2, \text{Pa} \tag{8-5}$$

风阻计算式：

$$R = \frac{h_摩}{Q^2}, (\text{N} \cdot \text{s}^2)/\text{m}^8 \tag{8-6}$$

等积孔计算式：

$$A = \frac{1.19}{\sqrt{R}}, \text{m}^2 \tag{8-7}$$

摩擦阻力系数计算式：

$$\alpha_测 = \frac{h_摩}{ULQ^2}S^3, (\text{N} \cdot \text{s}^2)/\text{m}^4 \tag{8-8}$$

换算为标准状态的 $\alpha_标$ 为：

$$\alpha_标 = \frac{1.2\alpha_测}{\rho_测}, (\text{N} \cdot \text{s}^2)/\text{m}^4 \tag{8-9}$$

4. 井巷局部阻力与局部阻力系数的测定

由于风流的速度和方向突然发生变化，导致风流本身产生剧烈的冲击，形成极为紊乱的涡流，从而损失能量，造成这种冲击涡流的阻力就叫局部阻力，可由下式求出：

$$h_局 = \xi_弯 \frac{v^2}{2g}\rho, \text{mmH}_2\text{O} \tag{8-10}$$

在巷道拐弯的前后选择三个测点 1、2、3。其中，1 点距拐弯处 4～6 倍的巷道直径，2 点距拐弯处 12～14 倍的巷道直径。测出 1、3 两点的通风阻力 $h_{阻1-3}$。

$$h_{阻1-3} = h_{摩1-3} + h_{局弯} \tag{8-11}$$

所以：

$$h_{局弯} = h_{阻1-3} - h_{摩1-3} \tag{8-12}$$

又：

$$h_{摩1-3} = \frac{h_{摩2-3}}{L_{2-3}}L_{1-3} = \frac{p_2 - p_3}{L_{2-3}}L_{1-3} \tag{8-13}$$

$$h_{阻1-3} = (p_1 - p_3) + (Z_1\rho_1 - Z_3\rho_3) + (h_{速1} - h_{速3}) \tag{8-14}$$

因为巷道直径相等又不漏风并处于水平位置，故位压差、速压差均为零，因此：

$$h_局 = (p_1 - p_3) - \frac{p_2 - p_3}{L_{2-3}}L_{1-3} \tag{8-15}$$

(p_1-p_2)、(p_2-p_3)分别由 U 形水柱计测出。

则：

$$\xi_弯 = \frac{2gh_局}{\rho v^2} \tag{8-16}$$

四、实验内容

(1) 模拟矿井生产、矿井通风系统工作状态并实施监控。

(2) 进行风量、风速测定，风速分布测定。

(3) 点压力测定，管道阻力系数测定，局部风阻测定。

(4) 进行矿井通风系统中风量分配及角联网路特性测定。

(5) 进行矿井通风系统中阻力测定。

(6) 进行矿井主要通风机性能模拟测定。

五、实验步骤

1. 巷道风流点压力测定

(1) 将 U 形压差计(图 8-3)和皮托管用胶皮管连接。先验证压入式通风相对压力之间关系。

(2) 检查无误后，开动风机。

(3) 当水柱计稳定时，同时读取 $h_全$、$h_静$、$h_动$。

(4) 用同样的方法同时读取抽出式巷道的 $h_全$、$h_静$、$h_动$。

(5) 将实验数据填写于实验报告中。

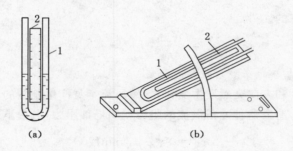

图 8-3 U 形压差计

1——U 形玻璃管；2——标尺

2. 井巷某断面平均风速和风量测算

(1) 测定速度场系数

速度场系数 K 即为巷道断面的平均风速 $v_{i均}$ 与最大风速 $v_{i最大}$ 之比值。因此，测算速度场系数，必须首先计算巷道的平均风速。为了保证测值准确性，合理的布置测点是十分重要的。测点一般选择在巷道的直线段。在测点断面上，要布置若干个测点。对于圆形巷道，一般将圆断面分成若干个等面积环，并在各等面积环的面积平分线上布置测点。

① 确定等面积环个数。等面积环个数，一般按巷道直径大小来确定，环数越多则精度越高，可按表 8-1 选取。

表 8-1 巷道直径与等面积环个数关系

巷道直径/m	≤0.3	0.4	0.5	≥0.6
等面积环个数/个	2～3	3～4	4～5	5～6

② 计算各测点距中心点的距离 r_i。

$$r_i = r_0\sqrt{\frac{2i-1}{2n}} \qquad (8-17)$$

式中，r_i 为各测点距中心点的距离，m；r_0 为巷道的半径，m；i 为由巷道中心点算起的等面积环编号数；n 为等面积环个数。

为了安装皮托管方便，一般将 r_i 值换算成从巷道一侧插到测点的深度 l_i。

③ 依次测定各点动压。先测定巷道断面中心点的最大动压，然后依次测定各测点的动压，将测定结果记录在实验报告书中。应当强调的是，在测定的过程中风流应保持稳定，否则对各测点的动压最好用多支皮托管与压差计同时测定。

④ 测定巷道中的空气密度。巷道流动的空气密度与外界相对静止的空气密度有所不同，但差别不大。

⑤ 计算中心最大风速、平均风速及速度场系数。

$$v_{i最大} = \sqrt{\frac{2h_{i最大}}{\rho_i}} , \text{m/s} \qquad (8-18)$$

$$v_{i均} = \sqrt{\frac{2}{\rho_i}} \; \frac{\sqrt{h_{动1}}+\sqrt{h_{动2}}+\cdots+\sqrt{h_{动n}}}{n} , \text{m/s} \qquad (8-19)$$

$$K = \frac{v_{i均}}{v_{i最大}} \qquad (8-20)$$

（2）计算通过巷道的风量

根据巷道直径计算巷道断面面积 S_i，按式 $Q_i = v_{i均}S_i$ 计算巷道风量。

3. 水平井巷摩擦阻力与摩擦阻力系数的测定

（1）将 U 形压差计和皮托管用胶皮管连接，检查无误后开机测定。

（2）当水柱计稳定时，同时读取 $h_{动大1}$、$h_{动大2}$ 和 $h_{阻1-2}$ 并记入实验报告书中。

（3）用皮尺量出测点 1、2 之间的距离，根据巷道直径，计算出巷道面积和周长，记入实验报告书中。

（4）根据上述数据计算风阻、等积孔、摩擦阻力系数，记入实验报告书中。

4. 井巷局部阻力与局部阻力系数的测定

（1）在巷道拐弯的前后选择三个测点 1、2、3。其中，测点 1 距拐弯处 4～6 倍的巷道直径，测点 2 距拐弯处 12～14 倍的巷道直径。测出通风阻力 $h_{阻1-3}$。

（2）测出测点 2、3 之间的摩擦阻力，并计算测点 1、3 之间的摩擦阻力。

（3）计算出测点 1、2 之间的局部阻力，并进一步计算局部阻力系数。

六、实验报告要求

（1）实验报告用统一的实验报告册编写。实验报告中有关专业班级、学生姓名、学号、实验项目名称、实验指导教师、实验日期等信息应完整且准确无误。

（2）实验报告内容。一般包括实验目的、实验原理、实验仪器与设备、实验步骤、实验记录（原始数据记录、数据处理及分析等）、实验结果与讨论、实验思考题的回答等内容。

七、实验数据处理

（1）风流点压力和断面平均风速测算

按表 8-2 和表 8-3 要求记录及计算数据。

表 8-2   巷道中某点空气相对压力值记录表

测量次数	压入式通风			抽出式通风		
	$h_{全}$/Pa	$h_{静}$/Pa	$h_{动}$/Pa	$h_{全}$/Pa	$h_{静}$/Pa	$h_{动}$/Pa
1						
2						
3						
平均						

表 8-3   巷道中某断面动压记录表

测量次数	$h_{动大1}$/Pa	$h_{动大2}$/Pa	$h_{动大3}$/Pa	$h_{动大4}$/Pa	$h_{动大5}$/Pa	平均风速 /(m/s)	最大风速 /(m/s)	速度场系数 K	巷道风量 /(m³/s)
1									
2									
3									
平均									

（2）摩擦阻力测算

按表 8-4 和表 8-5 要求记录及计算数据。

表 8-4   巷道参数与压差计读数记录表

测量次数	$h_{动大1}$/Pa	$h_{动大2}$/Pa	$h_{阻1-2}$/Pa	测点间距离/m	巷道直径/m	周长/m	断面积/m²	空气密度/(kg/m³)	速度场系数 K
1									
2									
3									
平均									

表 8-5   巷道摩擦风阻与摩擦阻力计算结果表

平均风速 /(m/s)	风量 /(m³/s)	巷道风阻值 /[(N·s²)/m⁸]	等积孔 /m²	摩擦阻力系数 /[(N·s²)/m⁴]	摩擦阻力系数标准值 /[(N·s²)/m⁴]

（3）局部阻力测算

按表 8-6 要求记录及计算数据。

表 8-6   巷道参数、压差计读数记录和局部阻力测算表

测点	测点间距离/m	巷道直径/m	周长/m	断面积/m²	空气密度/(kg/m³)	$h_{摩2-3}$/Pa	$h_{阻1-3}$/Pa	$h_{局1-2}$	ξ_{1-2}
1—3									
2—3									
1—2									

八、实验注意事项

（1）实验前需认真检查准备仪器，确保仪器完好。

（2）仪器连接时必须仔细认真，集中精力，以免受伤或损坏仪器。

（3）必须等风机运行稳定后才可读数记录。

九、思考题

（1）影响风流点压力测定准确的因素有哪些？

（2）根据实验体会，试分析巷道断面中风流速压、静压的分布规律，如何才能准确测定这些压力？

（3）简述通风阻力测定的方法，并分析各方法的测定精度。

第九章 "井巷工程"实验
——锚杆锚索无损检测实验

一、实验目的

巩固和加深学生对"井巷工程"课程核心内容的理解,掌握锚杆支护质量的无损检测方法,熟悉几种锚杆在巷道支护中的作用、布置方式、支护密度确定原则。加深理解和掌握井巷工程施工的基本原理、基础知识和基本技能,培养学生分析和解决井巷工程实际问题的能力。

二、实验仪器、设备

锚杆、CMSW6(A)矿用本安型锚杆锚索无损检测仪。

三、实验原理

锚杆锚索与围岩锚固好后,锚杆锚索的锚固段形成一个弹性波阻抗界面,在锚杆锚索的外端安装一响应传感器,在外端激励一弹性波振动信号,此振动信号首先被响应传感器接收到;弹性波同时沿着锚杆锚索传播,当遇到锚固界面和锚杆锚索底端时,均产生反射回波信号,并被响应传感器接收后,由检测仪采集、显示;通过接收信号即可确定锚杆锚索的实际长度和锚固长度。

锚杆锚索与围岩锚固好后,锚杆锚索与围岩构成一个结构体系,利用结构动态分析方法,通过测定施加给锚杆锚索的激励(输入)信号和锚杆锚索的动态响应信号来检测锚杆锚索的动态特性。通过对锚杆锚索的动态特性的分析计算,即可计算锚杆锚索的锚固力。

锚杆锚索与围岩锚固好并施加预紧力后,则锚杆锚索、围岩及托盘、锁具构成一个应力动态结构体系,利用结构动态分析方法,在锚杆锚索的锁具上施加一个激励(输入)信号,并测定锚杆锚索的动态响应信号来识别锚杆锚索的应力动态特性。通过对锚杆锚索这一应力动态特性的分析计算,可计算锚杆锚索的预紧力及轴向工作载荷。

四、实验内容

(1)检测锚杆(索)的长度、极限锚固(拉拔)力、初始预应(紧)力和轴向工作载荷。

(2)测试锚杆(索)运行状态下所受轴向工作载荷大小及评估锚杆(索)支护围岩系统的稳定性。

五、实验步骤

1. 使用前的准备工作

在将 CMSW6(A)矿用本安型锚杆锚索无损检测仪带下矿井开展检测工作之前,需要做如下准备工作:

(1)仪器完整性检查

主要检查仪器的外观是否完整,显示屏上方的有机玻璃是否破损,仪器的防水密封部件是否失效,连接电缆是否破损,换能器是否完好。

（2）仪器电量检查

主要检查仪器内的电池组的电量是否足以完成井下检测任务。仪器正常工作的最低电压为 4.9 V。4.9 V 时必须充电,低于 5.5 V 时,则不宜下井进行检测工作。检测方法为打开主机电源开关,查看显示屏上显示的电压值。

（3）仪器性能检查

主要测试仪器能否正常工作。测试方法为将整套系统各关联部件均准确连接到接口上,打开电源,进入正常检测状态,开始检测,查看仪器是否工作正常。

2. 使用中的安全注意事项

在开展井下本安型锚杆锚索无损测力时,应注意如下安全事项:

检测时遵守《煤矿安全规程》规定,注意个人人身安全;

在井下移动过程中,将检测仪装在随身配备的背包内,谨防被尖锐硬物碰撞损伤;

防止下落物体砸坏微型键盘,导致键盘失效;

显示区域受污染时,用干净潮湿的棉物轻轻擦拭干净,谨防产生静电;

在测试产生脉冲信号源时,使用仪器配套的激发工具敲击锚杆,力度适中。

3. 仪器各关联设备的连接方法及安装

数据处理显示部件与传感部件之间通过 5 m 长的 MHYVR 型电缆连接。检测时将传感部件安装在本安型锚杆锚索外露端头。

4. 仪器使用方法

CMSW6（A）矿用本安型锚杆锚索无损检测仪（图 9-1）是一套高集成度的智能化本安型锚杆锚索无损检测设备。数据处理显示部件主要实现信号采集、数据管理、分析计算、数据传输和结果显示等功能,直接测量的参数有本安型锚杆锚索长度、锚固力、施加的预应（紧）力和所受载荷。开机时的主界面如图 9-2 所示。信息的输入人机接口设备是微型键盘和软件键盘,信息反馈接口是液晶显示屏。

图 9-1　CMSW6（A）矿用本安型锚杆锚索无损检测仪显示和硬键盘图

（1）检测仪操作使用说明

开机前先将信号线插入传感器接口,再将响应传感器和激励传感器接入相应的接口。

仪器使用通过微型键盘和软件键盘共同完成,它是操作人员向主机输入信息的接口设备,是实现对仪器的操作和控制的唯一工具。键盘如图9-3所示。

图9-2 开机主界面

图9-3 软件键盘

① 新建工程

在开始检测工作前需要指定检测结果存放的文件名,按硬键盘的左右方向键盘,当"新建工程"变红色时,再按硬键盘的"确定"键进入设置界面,界面图如图9-4和图9-5所示,按硬键盘的"↑、↓、←、→"键,选择要输入的字符和数字,并按硬键盘的"确定"键输入字符或数字,最后选择软件键盘的"确定"按键,按硬键盘的"确定"键,确认输入的工程名并退出工程名设置界面,功能状态自动进入"开始采集"状态。

图9-4 数字输入界面

图9-5 符号输入界面

② 参数设置

进行检测前要输入参数,参数设置界面如图9-3所示;可以设置锚杆(索)信息参数和测试传感器的灵敏度,按硬键盘的"↑、↓"键选择要输入的参数名,并按"确定"键进行确认或进入设置数字键盘界面,如图 9-4 数字输入界面,操作方法同新建工程名。

设置参数有:

a. 测试目标:锚杆、锚索,按"确定"键选。

b. 测试内容:有长度、锚固力、预应(紧)力、工作载荷四个功能栏,按"确定"键选。

c. 锚杆直径:按"确定"键进入数字界面。

d. 锚索直径:同上。

e. 钻孔直径:同上。

f. 药卷长度:同上。

g. 药卷直径:同上。

h. 锚杆(索)设计极限锚固力:同上。

i. 初始预应(紧)力:同上。

j. 锚杆(索)长度:同上。

k. 激励传感器灵敏度:同上。

l. 响应传感器灵敏度:同上。

仪器默认最后一次操作输入参数,当所有要输入的参数设置好后,按硬键盘的"退出"键退出参数设置,功能状态自动进入"开始采集"状态;按硬键盘的"退出"键也可退出所有当前功能状态。

所有参数设置好后才能进入锚杆(索)长度、锚固力、预紧力、工作载荷测试,如果测试的参数不变,则不需重新输入,默认上一次输入的参数。

③ 计算参数设置

进行锚固力、预紧力、工作载荷测试计算时要输入计算系数参数。计算系数参数是通过测试与实际拉拔和受力实验对比实验得出的相关系数,根据实际对比和经验系数进行计算系数参数设置。

计算力系数参数设置有:动刚度系数 α;运算校零值 β;校正系数 k;校正校零值 c;显示系数;触发电平;参数校正;日期和时间。界面如图 9-6 所示。

显示系数:显示系数是显示波形点数的设置,它有 0、1、2 三个值,也就是数字"1"是数字"0"的 2 倍,数字"2"是数字"0"的 3 倍,按硬键盘的"确定"键进行选择;一般要求用大数字,但所选数字必须能保证显示完整的半波波形信号。

图 9-6 力的计算参数界面

触发电平:触发电平是仪器采集信号触发灵敏度的设置,它有 0、1、2 三个值,"0"的触发电平最小,也就是微弱信号就能使仪器进行采集,数字"1"是数字"0"的 2 倍,数字"2"是数字"0"的 3 倍,数值越高,触发电平越大,也就是要大信号才能使仪器进入采集信号,按硬键盘的"确定"键进行选择;一般要求用数字"0",当检测环境噪声较大时,须用高电平(大数字)。

日期和时间:当需要输入日期和时间时,将当前操作移至日期和时间栏,按硬键盘的"确定"键进入设置;按硬键盘的"←、→、↑、↓"键修改,按硬键盘的"确定"键确定有效。

测力校正功能:若未进行无损测力和实际受力对比时,动刚度系数 α、运算校零值 β 应以测试计算值与估算相接近为准进行设置,动刚度系数 α 一般设置为 0.001~1.0 之间,运算校零值 β 一般设置为 0.1~10 之间。一般无损测力都要与已知的两个实际力值进行校正,当进行校正时,仪器会自动计算出动刚度系数 α、运算校零值 β 的真实校正值,校正系数 k 可任意设置为 0.001~1.0 之间,校正校零值 c 可任意设置为 0~1.0 之间;原则是计算的力值只要为 1~999.9 之间就行,参数 k、c 只在力校正时用,与测力计算无关,要记住校正后的动刚度系数 α、运算校零值 β 参数值,所有相同类型的结构物测试系数不变。

仪器默认最后一次操作输入参数或数字。一般一个工程相同类型的测试,计算系数不变。计算参数输入方法同参数设置方法一样。

④ 文件浏览

文件浏览是用来查看检测的工程文件名及工程文件名里的测试结果数据,按硬键盘的"←、→"键,选中"文件浏览"功能,按硬键盘的"确定"键,进入文件浏览;再按硬键盘的"↑、↓"键选中要进入的工程文件名,按硬键盘的"确定"键进入查看检测数据结果,然后再按硬键盘的"↑、↓"可查看每一根锚杆(索)的检测数据结果(图 9-7 和图 9-8)。

当想重新分析测长数据时,在查看该数据时按硬键盘的"确定"键,进入测长波形分析界面,可以重新分析测长数据并保存分析的数据。如图 9-9 所示。

图 9-7 查看检测文件显示界面

图 9-8 查看检测结果显示界面

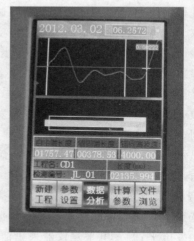

图 9-9 查看检测长度显示界面

(2)本安型锚杆锚索长度检测

所有参数设置好后才能进入本安型锚杆锚索长度检测,如果测试的参数不变,则不需重新输入,默认上一次输入的参数。长度检测界面如图 9-9 所示。

第一通道是测长波形采集并显示在第一显示区,第二显示区是分析锚杆模型显示,自动显示理论的自由段长度和锚固段长度模型;在波形的起始点有光标 1,也是锚杆长度的起点;在波形中间的锚固段起始反射点有光标2,也是自由段结束锚固段开始点;在锚杆的底端有光标3,也是锚固段结束点;光标2、3之间的锚固体速度默认是3 500 m/s;但可以在分析锚固段长度时,通过"↑"键和"↓"键设置锚固段速度,锚固段速度在3 000~5 000 m/s之间递变可设,光标1、光标2、光标3可以通过"光标"键切换。

"处理"键可以对采集波形进行处理,如积分、微分功能。在光标1、2、3之间坐标对应的显示2区自动画好锚杆的初步模型,分析时再进一步确定,当"+"光标显示在哪个光标处,则该光标为当前有效光标,按"光标"键可切换,分析操作时,首先移光标1,位置移好后按"确定"键确认;再移光标2并画锚杆锚固段开始点变化,再移光标3,移光标3时可设置锚固体速度,并画锚固段结束点变化,可循环切换并移动光标1、2、3;移光标2时,光标3同时自动移动。

在模型显示区有实测自由段长度值、锚固段长度值和实测锚杆总长度值,结果中保留这些值。

图9-10所示为锚杆长度测试图,图9-11所示为锚杆长度测试波形图。

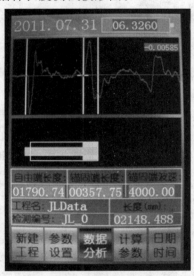

图9-10 锚杆长度测试图　　　　　　　图9-11 锚杆长度测试波形图

在"结束采集"状态等待激励信号采集完后,显示了波形和理论计算模型,这时是"数据分析"状态,当认为测试波形不理想时,按硬键盘的"退出"键,则直接进入"结束采集"状态,进入重新激励信号采集。当认为采集信号可进入分析时,则分析波形数据,分析后按硬键盘的"确定"键,若认为不理想,则按硬键盘的"退出"键,又直接进入"结束采集"状态,等待重新激励采集信号;若认为较理想,则按硬键盘的"确定"键,结束本功能测试。

这时,按硬键盘的"开始采集"键进入另一根锚杆(索)的测试;也可按硬键盘的"功能"键进行同一根锚杆(索)的其他功能测试,可切换到锚固力、预紧力、工作载荷测试。

(3) 锚固力检测

所有参数设置好后才能进入锚固力测试状态,如果测试的参数不变,则不需重新输入,默认上一次输入的参数。锚固力检测如图9-12所示。

锚固力检测是在锚杆、锚索施工时进行,它必须在施加预应力之前进行,卸掉预紧托盘,安装锚杆或锚索锚固力传感器,沿锚杆方向激励锚杆传感器安装螺帽,激励测试时产生的测试信号以起跳较清楚、不失真、最少能显示完半波为宜,一般进行 5 次左右测试,具体操作如下:

① 按硬键盘的"←、→"键,使"开始采集"功能栏变红色,并按硬键盘的"开始采集"键进入"设置编号"功能,当按硬键盘的"确定"键,进入锚杆、锚索编号设置,设置好后,将当前字符移到软件键盘的"确定"字符,并按硬键盘的"确定"键,这时,显示屏上的"设置编号"功能栏变为"结束采集"功能,它代表等待激励信号进行采集。

② 激励后产生信号,仪器采集响应信号和激励信号,并显示两条波形,"结束采集"状态变为"数据分析"状态,若认为测试信号波形不理想,可以按一次硬键盘的"退出"键,结束此次"数据分析"功能状态,但它还是进入"参与运算"功能状态,再按一次"退出"键,进入"结束采集"功能,等待再次激励测试,进入重新数据采集。

若认为测试信号较好,则继续数据分析,此时每一道信号首波起跳点有一竖向光标,若竖向光标不在起跳点,可按硬键盘的"←、→"键移动光标至波形起跳点,可按硬键盘的"↑、↓"键选择波形一、二的光标,当光标都确定在起跳点时,按硬键盘的"确定"键,这时产生半波形后的两条竖向光标,若竖向光标不在半波结束点时,可按硬键盘的"←、→"键移动光标至波形半波结束点,可按硬键盘的"↑、↓"键选择波形一、二的光标,当光标都确定在半波结束点时,按硬键盘的"确定"键,此时进入计算,并由"数据分析"状态变为"参与运算"状态功能。

③ 进入"参与运算"状态功能后,若按硬键盘的"退出"键,则此次测试计算的值不保留,直接进入"结束采集"状态,进行重新激励测试;若按一次硬键盘的"确定"键,此时进入"数据保存"功能状态,这时,若按硬键盘的"退出"键,则此次计算的值保留有效并参与多次测试结果的平均计算,若再按一次硬键盘的"确定"键,则结束此次的测试,保留此次测试计算的值,并将此值跟所有测试保留有效的值进行平均统计计算(一般测试锚固力、预紧力和工作载荷时,最好测试多次有效数据,也就是在"数据保存"状态时,按 5 次以上的"退出"键后,再按"确定"键)。

④ 功能状态进入"开始采集",若按硬键盘的"功能"键,则可以进入本根锚杆(索)的其他功能测试,可选择长度、锚固力、预紧力、工作载荷的四项之一,这时再按"开始采集"键,则直接进入"结束采集"状态,重复当需要输入日期和时间时,将当前操作移至日期和时间栏,按硬键盘的"确定"键进入设置;按硬键盘的"←、→、↑、↓"键修改,按硬键盘的"确定"键确定有效。

锚固力测试波形图如图 9-13 所示。

(4) 预紧力和载荷测量

所有参数设置好后才能进入预紧力、工作载荷测试,如果测试的参数不变,则不需重新输入,默认上一次输入的参数。预紧力和载荷测量如图 9-14 和图 9-15 所示。

预应力、工作载荷检测是在锚杆、锚索施工后进行,在锚杆或锚索锁紧螺帽上垂直锚杆或锚索安装响应传感器,在响应传感器安装的对面激励锚杆、锚索锁紧螺帽,激励测试时产生的测试信号以起跳较清楚、不失真、最少能显示完半波为宜,一般进行 5 次左右测试,具体操作同锚固力测试步骤一样。

表 9-1 为本安型锚杆锚索锚固力、载荷测试结果表。

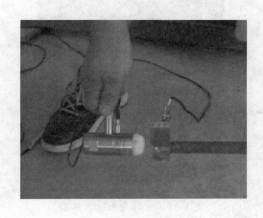

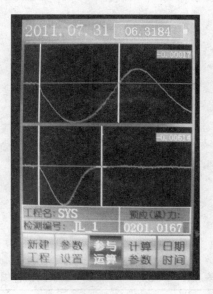

图 9-12 锚固力测试图   图 9-13 锚固力测试波形图

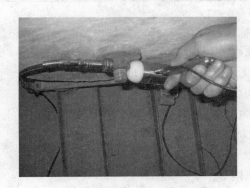

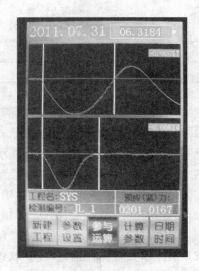

图 9-14 预紧力和工作载荷测试图   图 9-15 预紧力和工作载荷测试波形图

（5）参数校正方法

在计算参数功能栏中任意设置校正系数 k、校正校零值 c，将功能移到"参数校正"功能，按硬键盘的"确定"键，仪器进入测力功能，如图 9-16 所示，输入仪器测试结构物的实际受力值确定后，如图 9-17 所示，仪器进入激励测试信号，当信号符合测力信号要求时计算并保存测试值，仪器随后要求输入第二个测试的实际受力值，当确定后，仪器进入激励测试信号，当信号符合测力信号要求时计算并保存测试值，当两个对比测试测完后，仪器自动计算动刚度系数 α、运算校零值 β 的真实系数值和校零值。这两个值参与实际测力计算。

图 9-16　参数校正测力图

图 9-17　实际受力输入界面

表 9-1　　　　　　　　　　　　　　本安型锚杆锚索锚固力、载荷测试结果表

工程名称	检测编号	设计长度/m	设计极限锚固力 F_m/kN	设计预紧力 F_c/kN	实测长度/m	实测锚固长度/m	实测极限锚固力 $F_锚$/kN	实测预应（紧）力 $F_预$/kN	实测工作载荷 $F_载$/kN	评价

5. 本安型锚杆锚索支护状态单体及巷道评价原则

（1）单体本安型锚杆锚索"锚固状态评价"原则

设本安型锚杆锚索实测极限锚固力为 $F_锚$，设计极限锚固力为 F_m，若：

$F_锚 \geqslant 90\% F_m$，则认为"锚固状态"为"优"；

$90\% F_m > F_锚 \geqslant 80\% F_m$，则认为"锚固状态"为"良"；

$80\% F_m > F_锚 \geqslant 60\% F_m$，则认为"锚固状态"为"合格"；

$F_锚 < 60\% F_m$，则认为"锚固状态"为"差"。

（2）单体本安型锚杆锚索"支护状态评价"原则

初锚支护状态——设安装预应（紧）力设计值为 F_c，初始预紧载荷为 $F_预$，若：

$F_预 \geqslant 120\% F_c$，则认为施加预紧力太大；

$120\% F_c > F_预 \geqslant 90\% F_c$，则认为施加预紧力为"优"；

$90\% F_c > F_预 \geqslant 80\% F_c$，则认为施加预紧力为"良"；

$80\% F_c > F_预 \geqslant 60\% F_c$，则认为施加预紧力为"合格"；

$F_预 < 60\% F_c$，则认为施加预紧力为"差"。

稳定支护状态——设本安型锚杆锚索设计锚固力为 F_m，实测锚固力为 $F_锚$，工作载荷为 $F_载$，若：

$F_载 < 30\% F_锚$，为"很稳定"，支护状态为"优"；

$50\% F_锚 > F_载 \geqslant 30\% F_锚$，为"较稳定"，支护状态为"良"；

$70\% F_锚 > F_载 \geqslant 50\% F_锚$，为"一般稳定"，支护状态为"合格"；

$F_{载} \geqslant 70\% F_{锚}$,为"稳定差",支护状态为"差"。

采动影响支护状态——设本安型锚杆锚索设计锚固力为 F_{m},实测锚固力为 $F_{锚}$,工作载荷为 $F_{载}$,若:

$F_{载} < 50\% F_{锚}$,为"影响很小",支护状态为"优";

$60\% F_{锚} > F_{载} \geqslant 50\% F_{锚}$,为"影响较小",支护状态为"良";

$80\% F_{锚} > F_{载} \geqslant 60\% F_{锚}$,为"影响较大",支护状态为"合格";

$F_{载} \geqslant 80\% F_{锚}$,为"影响很大",支护状态为"差"。

(3) 单体本安型锚杆锚索"巷道总体支护状态评价"原则

若单体"优"达到 80% 以上,无单体"差",则认为"巷道总体支护状态评价"为"优";

若单体"良"达到 80% 以上,无单体"差",则认为"巷道总体支护状态评价"为"良";

若单体"合格"达到 90%,单体"差"小于 10%,则认为"巷道总体支护状态评价"为"合格";

若单体"差"大于 30%,则认为"巷道总体支护状态评价"为"差"。

注:巷道的抽检率为 3%~5%,最低检测根数为 20 根。

六、实验报告要求

实验报告内容包括:实验目的、实验原理、实验仪器与设备、实验步骤、实验记录(原始数据记录、数据处理及分析等)、实验结果与讨论、实验思考题的回答等内容。本实验,学生在征得实验指导教师同意后可以以论文的方式撰写实验报告。

实验报告中有关专业班级、学生姓名、学号、实验项目名称、实验指导教师、实验日期等信息应完整且准确无误。

七、实验注意事项

(1) 实验预习。由于本实验比较复杂,需要学生进行实验预习。在开始本实验前认真阅读本实验指导书与仪器说明书。

(2) 学生应遵守实验室管理规定,听从教师指挥,保证实验安全。

八、思考题

如何检测一条巷道的支护效果?

第十章 "矿山压力与岩层控制"实验

实验一 二维相似材料模拟实验

一、实验目的

掌握相似材料模拟实验的主要作用、主要方法；了解相似材料模拟实验的基本理论：三个相似定律；了解相似材料的组成：主料、骨料、胶结物等；了解影响相似材料强度的因素；掌握模拟岩层的非连续面（如断层、层理、节理等）的方法；了解相似材料模拟实验的基本步骤；了解相似材料模拟实验的观测、数据采集方法。

二、实验仪器、设备

相似材料二维加载模拟实验台。

三、实验原理

相似材料模拟实验是在实验室利用相似材料，依据现场岩层柱状和煤（岩）体力学性质，按照相似材料理论和相似准则制作与现场相似的模型，然后进行模拟开采，在模型开采过程中对由于开采引起的覆岩运动情况以及支承压力分布情况进行不间断观测。总结模型中的实测结果，利用相似准则，求算或反推该条件下现场开采时的围岩运动规律和支承压力分布情况，以便为现场实践提供理论依据。

相似材料模拟实验是在"矿山压力与岩层控制"课程理论学习的基础上，通过实验的手段，直观地研究煤层开采引起的覆岩运动和破坏情况、矿山压力的变化规律等。在进行相似材料模拟实验时，尤其是大比例模型实验，当基岩厚度较大时，模型往往只铺设到需要考察和研究的范围为止，其上部岩层不再铺设，而以均布载荷的方式加载于模型上边界，所加载荷大小为上部未铺设岩层的重力。

1. 相似定律

相似材料模拟实验的基本理论：三个相似定律。

相似理论是研究模型与其代表的原型之间相似性质与规律的理论，由三个基本定律组成。

相似第一定律：考察两个系统所发生的现象，如果在其所有对应的点上均满足以下两个条件，称此两现象为相似现象。

条件1：相似现象的各对应物理量之比应当是常数，称为"相似常数"。具体矿压方面的应用，模型与原型应存在三个方面的相似：几何相似、运动相似、动力相似。

条件2：凡属相似现象，都可以用同一个基本方程式描述，即模型与原型之间各对应量物理量呈一定的比例关系。

相似第二定律:认为约束两相似现象的基本物理方程可以用量纲分析的方法转换成用相似判据 π 方程来表达的新方程,即转换成 π 方程,两个相似系统的 π 方程必须相同。该定律更加广泛地概括了两个系统的相似条件。

相似第三定律:认为对于同类物理现象,如果单值量相似,而且由单值量所组成的相似判据在数值上相等,现象才互相相似。该定律解答了怎样才能使现象互相相似。

所谓单值量是指单值条件下的物理量,而单值条件是将一个个别现象从同类现象中区分出来,亦即将现象的通解变成特解的具体条件。单值条件包括:几何条件、介质条件、边界条件和初始条件,现象的各种物理量实质上都是由单值条件引出的。

主导相似判据是指在系统中具有重要意义的物理常数和几何性质所组成的判据。依据相似理论,可以利用相似材料进行相似材料模拟实验研究。相似材料模型法的实质是:用与原型力学性质相似的材料按照几何相似常数缩制成模型。相似材料模型依其相似程度的不同分为两种:一种是定性模型(也称为原理模拟或机制模拟)。其主要目的是通过模型定性地判断原型中发生某种现象的本质或机理,或者通过若干模型了解某一因素对井下所产生的某种典型地压现象的影响。另一种是定量模型。其要求主要的物理量都尽量满足相似常数与相似判据。

2. 模型和实体的相似性

根据定量模型相似理论,要使模型与实体原型相似,必须满足各对应量呈一定比例关系及各对应量所组成的数学物理方程相同。具体在矿山压力方面的应用,要保证模型和实体在以下三个方面相似。

(1) 几何相似。要求模型与实体各部分的尺寸应按同样的比例尺缩小或放大,保持几何形状相似,为此需满足长度比为常数,即满足:

$$\alpha_L = \frac{L_H}{L_M} \tag{10-1}$$

式中　α_L——长度比;

　　　L_H——实体长度;

　　　L_M——模型长度。

(2) 运动相似。要求模型与实体所有各对应点的运动情况相似,即要求各对应点的速度、加速度、运动时间等都呈一定比例。所以,要求时间比为常数,即满足:

$$\alpha_t = \frac{t_H}{t_M}\frac{L_H}{L_M} \tag{10-2}$$

式中　α_t——时间比;

　　　t_H——实体运动时间;

　　　t_M——模型运动时间。

(3) 动力相似。要求模型和实体的所有作用力都相似。首先重度比为常数,即满足:

$$\alpha_\gamma = \frac{\gamma_H}{\gamma_M} \tag{10-3}$$

式中　α_γ——重度比;

　　　γ_H——实体材料重度;

　　　γ_M——模型材料重度。

在重力和内部应力作用下,岩石变形和破坏过程中的主导相似准则为:

$$\frac{\sigma_H}{\gamma_H L_H} = \frac{\sigma_M}{\gamma_M L_M}$$

各相似常数间满足下列关系：

$$\alpha_\sigma = \alpha_\gamma \alpha_L \qquad (10-4)$$

式中　　σ_H, σ_M ——分别为实体和模型的应力；

　　　　α_σ ——应力相似常数。

四、实验内容

（1）根据煤矿地质赋存条件，按地质柱状图制作相似材料配比方案。

（2）了解影响相似材料强度的主要因素。

选择相似材料应当达到的要求是：

① 模型与原型相应部分材料的主要物理力学性能相似，这样才能将模型上测得的数据换算成原型上求解的数值；

② 力学指标稳定，不因大气温度、湿度变化的影响而改变力学性能；

③ 改变配合比后，能使其力学指标有大幅度变化，以便于选择使用；

④ 制作方便、凝固时间短、成本低、来源丰富，最好能重复使用；

⑤ 便于设置量测传感器，在制作过程中没有损伤工人健康的粉尘及毒性等。

煤系岩石的力学性质可以划分为脆性的、弹性的和塑性的，这种力学性质随加载条件的变化而变化，对其进行模拟时，就需要通过正确选择相似材料来达到。相似材料是用胶结物和填料组合而成，而胶结料的力学性质在很大程度上决定了相似材料的力学性质。相似材料的力学性质划分类别详见表 10-1。

表 10-1　　　　　　　　　　　　相似材料力学性质划分类别

类别	名称	力学特点
无机胶结物	水泥、石灰、碳酸钙、水玻璃	脆性破坏
碳氢类石油产品	石蜡、凡士林、地腊、油类	弹塑性、塑性变形
合成树脂	环氧树脂、尿素树脂	变化范围宽，由塑性直至脆性
天然胶质产品	松香、沥青	脆性

根据模拟的对象及模型的比例不同，可采用不同种类及不同配比的相似材料。实验所用相似材料主要包括两方面的原料：填料（或称骨料）和胶结物。填料多用河沙、云母粉、滑石等，胶结物有石膏、石蜡、碳酸钙、水泥等。对于"矿山压力与岩层控制"课程实验，主要研究内容为模拟上覆岩层的运动，实验中选取的胶结物为石膏，同时加入碳酸钙用以提高其强度，填料为河沙，各分层之间撒一层云母粉起分层作用。模拟对象及模拟比例的不同，可以通过不同配比的相似材料来实现。经实验证明，认为相似材料的内摩擦角 φ 完全取决于砂粒结构，石膏胶结物对其不起作用，可通过单独改变石膏胶结物的密度和砂粒结构，独立控制凝聚力和 φ 值。

（3）按照一定比例配制相似材料，制作较为简单的二维相似材料模型。

实验在平面实验台上进行，模拟煤层开采覆岩运动规律。按照相似模拟准则，选取模型的几何相似比。

（4）掌握实验的研究方法和研究内容。

五、实验步骤

1. 计算模型配比用料及铺设层次

实验以某具体煤矿综采工作面开采为原型进行覆岩运动规律研究。进行相似材料模拟实验时，模型和被模拟体的几何形状、质点运动轨迹及质点所受的力相似。根据煤矿地质综合柱状图，分析简化煤层赋存条件，计算模型配比用料及铺设层次，完成表 10-2。

表 10-2　　　　　　　　　　　　　　　　模型配比用料及铺设层次

层号	岩性	实际厚度/m	模拟厚度/cm	重复次数	分层厚度/cm	配比号	密度/(g/cm³)	材料用量/kg			
								沙子	碳酸钙	石膏	水
Rn	＊＊＊岩										
...	...										
R3	＊＊＊岩										
R2	＊＊＊岩										
R1	煤层										
底板	＊＊＊岩										

根据确定的材料比例，按下式计算模型各分层材料的总量：

$$Q = \rho lbmk \tag{10-5}$$

式中　Q ——模型各分层材料质量；

　　　ρ ——材料的密度；

　　　l ——模型长度；

　　　b ——模型宽度；

　　　m ——模型分层厚度；

　　　k ——材料损失系数。

2. 按照一定比例配制相似材料

根据每组配比号所需的各种材料质量计算表，严格在台秤上称取沙子、碳酸钙、石膏的质量，并放在一起搅拌均匀。同时将称好质量的硼砂放入称好质量的水中，待融化后加入搅拌料中进一步搅拌，将干料搅拌成均匀的湿料。

3. 制作二维相似材料模型

将湿料分 3～4 次均匀地加入模型中，并逐次逐个捣实分层。

模型建造的基本原则是使既定的相似模拟准则在模型中实现。为了使模型的力学性能及力学条件满足设计要求，必须使模型中的各种"岩层"材料都遵守既定的重度相似比。为此，模型实行分层建造，模型正面初始形态照片如图 10-1 所示。

4. 模拟煤层开采

模型铺设完成，在自然环境条件下风干若干天后，可开始进行模拟开挖煤层，按照几何相似和时间相似原则，每隔一定时间推进一定距离，以模拟实际煤层推进情况。模型两端分别保留了少量的边界煤柱，用以消除边界效应。

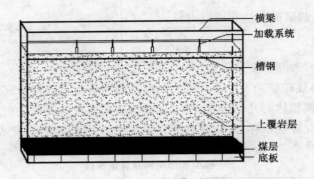

图 10-1 相似材料实验模型框架图

5. 观察、记录上覆岩层运动情况

（1）采动后上覆岩层运动的机理和发生发展的条件、组合结构形成和发展的过程；顶板运动和破坏的机理；断裂的机理和相应的力学条件，破坏发展过程和相关的物理力学条件以及失稳垮落的条件等。

（2）研究不同赋存条件下煤层开采上覆岩层的"三带"高度，破裂拱的形成、变化和发展过程，确定拱高与开采长度之间的相应关系，以及对上覆岩层影响范围的迹线描述。

（3）随采煤工作面推进，覆岩运动的发展变化规律及其对组合结构运动和破坏的影响。

六、实验报告要求

（1）实验报告内容要包括实验目的、实验仪器与设备、实验步骤、文字说明和心得体会部分等。

（2）文字说明部分说明相似性原理，矿山压力相似材料模型的制作情况，实验研究方法、研究内容等。

（3）心得体会部分，需要结合"矿山压力与岩层控制"课程的理论学习内容，对比制作相似材料模型，进行对比说明。

七、实验注意事项

（1）参观模型时注意安全，按照实验老师的要求进行。

（2）不要随意触动模型上的仪表和设备，不要随意破坏模型。

（3）作好观察记录。

八、思考题

相似材料模拟实验的优缺点，还有哪些需要改进的地方？

实验二　矿压观测仪器仪表的使用

一、实验目的

（1）了解现场矿压观测的主要内容。

（2）掌握现场所使用主要矿压观测仪器、仪表的使用方法。

二、实验仪器、设备

矿用本安型数字压力计、矿用本安型压力检测仪、顶底板移近量动态报警仪、本安型围岩位移测定仪、矿用本安型锚杆(索)测力计、锚杆拉力计等。

三、实验原理

1. YHY60(B)矿用本安型数字压力计

适用于综采工作面支架阻力监测,可用于煤矿井下有瓦斯、煤尘等爆炸危险的环境。矿用本安型数字压力计技术特征为:

(1) 量程:0~60 MPa;

(2) 分辨率:0.1 MPa;

(3) 准确度等级:2.0 级(以量程的百分数表示);

(4) 测量点数:2 点;

(5) 存储容量:26 万组(1 MB);

(6) 引压孔:$\phi 10$ mm(KJ10 国标);

(7) 显示方式:LED 数字显示;

(8) 防爆类型:矿用本质安全型,防爆标志"Exib I";

(9) 电源:DC 3.6 V(一节 ER18505 锂亚硫酰氯电池供电);

(10) 通信方式:红外无线通信;

(11) 质量:2.1 kg;

(12) 安装方式:吊挂或固定安装。

矿用本安型手持采集器技术特征:

(1) LCD 点阵式液晶显示器(具有 LED 背光显示),全中文显示,用于输入提示和数据显示;

(2) 全日历实时时钟显示;

(3) 轻触式操作键盘,操作方便;

(4) 数据显示功能;

(5) 无操作自动关机;

(6) 2 GB 数据存储器,具有数据掉电保护;

(7) 低电压状态指示和保护;

(8) 低功耗技术,3 节 5 号电池可连续使用 6 个月;

(9) 红外数据通信功能,传输速率 115 200 bps;

(10) 体积小,质量 300 g。

系统组成如图 10-2 所示。

压力计具有两个压力测孔,可同时测量两个测点的压力,并连续记录在压力计内,一个工作面可布置 1~999 个压力计,可布置 24 个工作面,使用一台采集器进行采集并查看。

采集器使用三节 5 号电池供电;压力计使用高效电池供电,每更换一次电池可连续使用 6 个月。更换电池应在井上进行(使用厂家提供的本安电池)。

2. YHY60(C)矿用本安型压力检测仪

适于煤矿井下单体支柱工作阻力监测,是单体支柱工作连续记录的智能化仪表,可用于煤矿井下有瓦斯、煤尘等爆炸危险的环境。矿用本安型压力检测仪技术特性为:

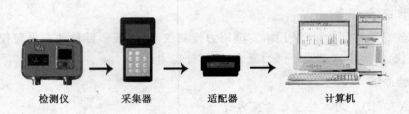

图 10-2　综采支架阻力监测系统示意图

(1) 量程:0~60 MPa;

(2) 误差:±2.5%(F.S.);

(3) 电源:DC 3.6 V(ER18505 锂亚硫酰氯电池);

(4) 报警:红色 LED 灯闪烁报警;

(5) 测量点数:单点;

(6) 引压孔:φ10 mm(KJ10 国标);

(7) 防爆标志:矿用本质安全型 Exib I ;

(8) 防护等级:IP54;

(9) 安装方式:固定安装;

(10) 质量:1.3 kg。

这套用于单体支柱压力数据连续记录的智能化仪表(图 10-3),由三部分组成:检测仪;矿用本安型手持采集器(便携式);计算机数据处理系统。检测仪采用了一体化设计,由计算机控制自动采集压力数据并记录在存储器中,每个数据采集器可采集多个检测仪的数据,数据采集器携带至井上后通过无线通信适配器将数据自动地传送到 PC 计算机处理。

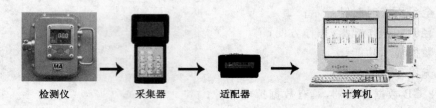

图 10-3　单体支柱记录仪系统组成

3. KBU101-200 顶底板移近量动态报警仪

KBU101-200 顶底板移近量动态报警仪(以下简称动态报警仪)(图 10-4)主要用于煤矿井下巷道或工作面的顶板动态监测,是煤矿顶板来压预测预报的首选监测仪器。该仪器也可以用于涵洞、隧道等作顶板动态监测用。早期的顶板动态仪多采用机械测量为主,方法比较落后而且读数误差也比较大。KBU101-200 顶板动态监测报警仪,采用了单片计算机技术,能精确地测量顶底板间的相对位移量,采用的光控数字显示,具有自动校零和报警功能。其中,KBU101-200 内置数据存储器和红外数据接口,具有数据自动记录和无线通信功能,与 FCH2G/1 无线数据采集器配套使用后,具有数据采集功能。FCH2G/1 数据采集器的数据可传送到 PC 计算机分析处理(选配 DWMSS 分析软件)。顶底板移近量动态报警仪安装示意图如图 10-5 所示。

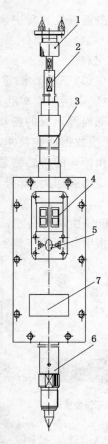

图 10-4　动态报警仪结构图

1——支撑座；2——齿条；3——导向管；

4——数码管；5——开关；6——接长杆；7——铭牌

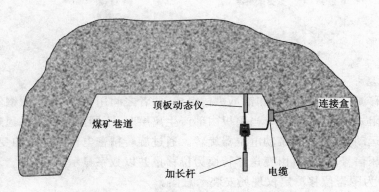

图 10-5　顶底板移近量动态报警仪安装示意图

当顶底板有变形时，与齿条啮合的齿轮带动角度传感器运动，传感器将位移信号转换成电压信号输出到单片机采集电路。本检测仪采用了低功耗的单片机和电源管理电路，单片机定时自动检测传感器信号并进行处理，当传感器检测的相对位移超过设定值时能自动报警,报警方式采用闪烁光指示。此动态报警仪具有记录功能,两小时记录一次。检测仪内部设有光控触发电路。

4. YHW300 本安型围岩位移测定仪

YHW300 本安型围岩位移测定仪(以下简称测定仪)和 FCH2G/1 矿用本安型手持采集器(以下简称采集器)配套使用。主要应用于煤矿巷道或工作面的顶板及围岩内部离层检测和报警,也可用于隧道、涵洞、人防工程等顶板的松动位移检测和报警。该产品采用了新型的单片微计算机测量技术和红外无线数据通信技术,解决了长期以来围岩离层测量精度低、读数不方便问题。微功耗单片机和特殊的传感测量一体化结构设计,使该产品具有内置电池供电、长期连续检测和很强的环境适应能力,此外,还具有大量程、数字显示报警、红外数据采集、计算机软件分析等特点。

测定仪结构如图 10-6 所示。测定仪由两部分组成:机械式部分、报警显示变送器。机械部分可单独使用,具有离层探出式指示。配数字显示变送器后可具有数字光控显示、报警和数据通信功能。

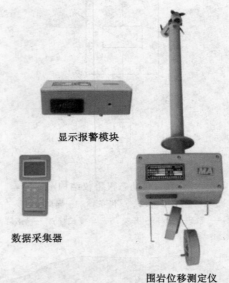

显示报警模块

数据采集器

围岩位移测定仪

图 10-6　围岩位移测定仪和采集器结构组成图

围岩位移测定仪由传感器和锚爪机构组成,两者之间用 $\phi 0.7$ mm 的钢丝绳连接。传感器采用了电阻式位移测量技术,当顶板内部产生离层时,不同深度的锚爪通过钢丝绳牵引传感器的卷簧运动,卷簧机构带动电位器旋转。通过旋转精密电位器电阻的变化,产生一个线性变化的电压信号输出,再由变送器转换为位移量并以数字显示。

图 10-7 为围岩位移测定仪现场安装示意图。

四、实验内容

本实验演示各项仪器的操作使用方法。

1. 支承压力的测量

测站设置原则:测站设置范围应包括初次来压和 2～3 次周期来压的开采时期,便于对顶板活动来压规律的研究;每个测站应能观测 2～3 次不同时期的周期来压,以便观测结果

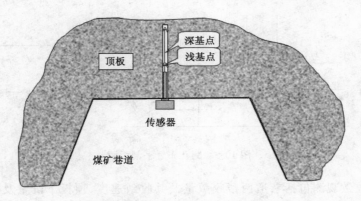

图 10-7 围岩位移测定仪现场安装示意图

有一定的广度;各测站所观测的范围应有一定的连续性,以便研究规律的系统性;统计性的观测在时间上和数量上要有足够的代表性。

图 10-8 为综采工作面超前支承压力观测测站布置示意图。

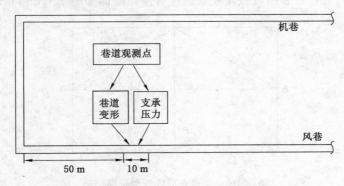

图 10-8 工作面超前支承压力观测测站布置示意图

压力传感器的数据采集、分析:工作面每推进一定距离对压力计的读数进行一次观测,并做好记录,经过数据统计、处理得出工作面超前支承压力的变化规律。

2. 探测围岩松动圈的方法

(1) 钻进测量孔:可用普通煤帮锚杆钻机(煤电钻)钻进 $\phi40$ mm 钻孔。钻孔打在腰线位置,钻孔方位向下有一定的下扎角。孔深一般不小于 3 m。图 10-9 所示为测孔布置平剖面图。

(2) 清孔与充水:将钻孔内煤粉、钻渣清理干净,通过测试探头配套的可接长铜管将测试探头送入孔底,然后将充水管送入钻孔充水。

(3) 测试过程:钻孔内充满水后,调整阀门,使钻孔内保持满水状态,然后缓慢均匀地拉动可接长铜杆,拉出探头。随探头拉出,每隔 10 cm 读数一次。随着钻头在钻孔的位置不同,即距巷帮深度不同,由于煤体应力水平和受到的破坏程度不同,测试仪上的读数随之变化。

3. 现场巷道位移观测方法、主要观测仪器——动态仪、离层仪

(1) 巷道表面收敛及收敛速度观测内容和目的

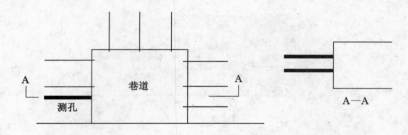

图 10-9　测孔布置平剖面图

巷道表面收敛观测包括巷道两帮收敛量及其收敛速度、顶板下沉量及其下沉速度等。根据测量结果,可以分析巷道周边相对位移变化速度、变化量及与工作面的位置关系、与掘巷时间的关系,从而判断巷道的支护效果和围岩的稳定状况,为完善巷道支护参数提供依据。

（2）测量断面布置

所测工作面回采巷道表面收敛及收敛速度各测站断面如图 10-10 所示。

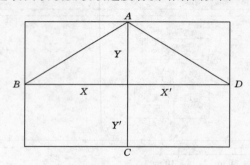

图 10-10　巷道表面收敛测量断面图

（3）测量参数

根据监测目标,在每次观测时,都要使用钢圈尺测量各测点的 AC、BD、AB 和 AD 四个参数值并做好记录。

（4）测点设置

在每个测站内设置四个木桩基点,其中两个基点在顶板中点和底板中点,另外两个基点在两帮的拱肩上,8 个测站共需木桩数量 32 个。每个测站内的 4 个木桩基点设置完成后,立即使用钢圈尺测量 AC、BD、AB 和 AD 初读数,同时将测量数据准确地填写在观测表（巷道表面收敛及收敛速度观测表）中,回采巷道测点设置和木桩尺寸见图 10-11。

（5）巷道表面收敛观测仪器

用于巷道表面收敛量和收敛速度观测的仪器有:KHC 测杆、测枪、DYS 顶底板收敛速度仪。

（6）观测频度及要求

测站距掘进头 50 m 之内每天观测 1 次,其余每周观测 1 次;测站距采煤工作面 50 m 之内每天观测 2 次,其余每天观测 1 次。每次测量时除准确测量 AC、BD、AB 和 AD 数据外,还须按要求填写其他数据和内容。若巷道出现特殊情况,应及时汇报并素描巷道的状况。

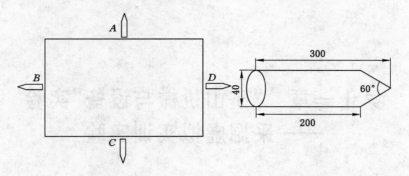

图 10-11 回采巷道测点设置及木桩基点尺寸图

五、实验注意事项

(1) 实验完成后,应将仪器收好。

(2) 实验时不得损坏仪器。

六、实验报告要求

阐述现场矿压观测的主要内容及现场所使用主要矿压观测仪器、仪表的使用方法。

七、思考题

(1) 压力传感器的铺设和安装方法是什么?

(2) 什么是支架工作阻力?

第十一章 "矿山机械与设备"实验
——采掘虚拟实训实验

一、实验目的

采掘虚拟实训实验分为两部分,第一部分为采煤机虚拟实训实验,第二部分为掘进机虚拟实训实验。通过采煤机、掘进机虚拟实训操作教学仪来进行操作。

采掘虚拟实训实验是在"矿山机械与设备"课程理论学习的基础上,通过虚拟实训的手段,让学生更直观地了解采煤机、掘进机的基本结构及各部分的功能,掌握采煤机、掘进机及液压支架的各按钮功能,并且可以让学生自行设计进刀方式、采煤工艺及不同巷道掘进方法并进行操作,最后以试题的形式考核学生对采煤机械、掘进机械操作掌握程度。

二、实验仪器、设备

采煤机、掘进机虚拟实训操作教学仪。

三、实验内容

1. 采煤机虚拟实训实验

(1) 入门教学

入门教学包含基础知识和视频教学。

① 基础知识:简要介绍综采工作面日常作业相关知识和注意事项。

② 视频教学:以录像的方式介绍采煤机操作的相关知识和注意事项。

(2) 机械构造

以动画形式介绍采煤机的零部件组成以及安装调试注意事项和液压管路系统的组成。使学生对采煤机内部构造不在抽象,能全方位地认识采煤机,了解采煤机。能使学生在今后的生产实践中遇到问题解决问题,不在因为陌生而手足无措。

(3) 场景教学

场景教学包含采煤练习、采煤准备、实操考核、常见故障处理。

① 采煤练习:对采煤机的基本功能进行了解,并对采煤机的各功能按钮及液压支架操作手柄进行学习,达到熟练操作采煤机各项功能的目的。没有操作步骤和危险操作,可随意操作。

② 采煤准备:根据实际操作,对采煤机作业前的相关机械状况检查,并对正确开机步骤进行引导,分步骤完成采煤前的准备工作,对错误操作进行警告并作出正确指示。

③ 实操考核:遵循国家关于煤矿安全培训大纲和考核标准,符合行业安全培训现状以及国家对安全技术培训的有关要求,考核分初级、中级、高级,考核结束后给予相应得分并显示错误次数。

④ 常见故障处理:对采煤机械操作过程出现的常见故障,系统采用语言、文字、视频等

讲解方式对常见的故障原因进行剖析,并结合实际问题给出相应处理方案。

(4)理论考试

系统拥有大量的理论考试题库,全方面地考核学生理论基础知识。系统自动出题阅卷。

2.掘进机虚拟实训实验

(1)入门教学

入门教学包含基础知识和视频教学。

① 基础知识:从掘进机的种类、拆卸注意事项、解体顺序、装车注意事项、井下运输顺序五个方面全面介绍掘进机的安全操作规程。简要介绍掘进机操作的相关知识,使操作者对掘进机有一定的了解,使用小键盘可以在多个知识点之间进行切换。

② 视频教学:以视频的方式介绍掘进机的相关知识和注意事项。使用小键盘可以在多个知识点之间进行切换,也可以进行视频的播放、后退、前进、全屏、停止等操作。可快速掌握理论基础知识。

(2)机械构造

以动画形式介绍掘进机的零部件组成以及安装调试注意事项和液压管路系统的组成。使学生对掘进机内部构造不在抽象,能全方位地认识掘进机,了解掘进机。

(3)场景教学

场景教学包含掘进练习、初级考核、中极考核、高级考核。

① 掘进练习:场景分为空操作(地面上进行操作练习)和井下掘进练习(在虚拟的井下对掘进机的开机顺序进行学习),学生可以在此场景下对掘进机的基本功能进行了解,并对掘进机的各功能按钮及操作手柄进行学习,达到熟练操作掘进机各项功能的目的。

② 初级考核:初级考核主要考核学生对掘进机操作的掌握程度。

③ 中级考核:此考核的操作方法与初级考核相同,但是在开机时没有引导提示,考核的工作面也由初级的拱形变为梯形工作面。

④ 高级考核:考核学生对掘进机经常出现的故障的判断能力。该考核以理论的形式进行,系统随机出题,学生使用小键盘对题目作出相应的判断。该考核工作面为矩形工作面。

(4)理论考试

系统拥有大量的理论考试题库,全方面地考核学生理论基础知识。系统自动出题阅卷。

四、实验步骤

1.采煤机虚拟实训实验

(1)入门教学

在图11-1主操控界面中,使用键盘上的"2"按键选中"入门教学"按钮,使用键盘上的"Enter"按键进入如图11-2所示为入门教学界面,入门教学分为基础知识和视频教学。

① 基础知识

在图11-2入门教学界面中,使用键盘上的"2"按键选中"基础知识"按钮,使用键盘上的"Enter"按键进入基础知识讲解。

该项模块简要介绍采煤机操作的相关知识和注意事项,使操作者对采煤机有一定的了解。使用键盘上的"2"、"8"按键可以在多个知识点之间进行切换;使用键盘上的"—"按键可以控制使用的暂停、播放。

学习完毕后,可点击键盘上的"Backspace"按键,退回到"入门教学"界面。

图 11-1　主操控界面　　　　　　　　图 11-2　入门教学界面

② 视频教学

在入门教学界面中,使用键盘上的"2"按键选中"视频教学"按钮,使用键盘上的"Enter"按键进入视频播放系统。

使用键盘上的"2"、"8"按键可以在多个知识点之间进行切换。

使用键盘上的"4"、"6"按键可以选择视频的播放、后退、前进、全屏、停止功能按钮,使用键盘上的"Enter"按键(确认键)可以对当前选择的功能进行确认选择。

学习完毕后,可点击键盘上的"Backspace"按键,退回到"入门教学"界面。

(2) 机械构造

在图 11-1 主操控界面中,使用键盘上的"2"按键选中"机械构造"按钮,使用键盘上的"Enter"按键进入机械构造场景。

如图 11-3 所示为机械构造场景,以 3D 效果展示采煤机的各主要部件,同时对相应的部件进行语音讲解,使学生对采煤机的各主要部件的功能有所了解。使用键盘上的"－"按键,可以对该部件的讲解进行暂停操作;使用键盘上的"＋"按键,可以跳过该部件的讲解,进行下一部件的讲解。

各部件的组装是在全自动化的状态下完成的,完成组装后,学生可以利用操作手柄对采煤机模型实行 360°的旋转展示。使用键盘上的"2"、"8"按键,可以对采煤机进行上下翻转操作;使用键盘上的"4"、"6"按键,可以对采煤机进行左右旋转操作。

学习完毕后,可点击键盘上的"Backspace"按键,退回到主操控界面。

(3) 场景教学

在图 11-1 主操控界面中,使用键盘上的"2"按键选中"场景教学"按钮,使用键盘上的"Enter"按键进入下级界面。

如图 11-4 所示为场景教学模块,该模块分为采煤练习、采煤准备、实操考核、常见故障处理四个场景,让学生可以在模拟工作实景下对综采设备进行学习。

学习完毕后,可点击键盘上的"Backspace"按键,退回到主操控界面。

① 采煤练习

在图 11-4 场景教学中,使用键盘上的"2"按键选中"采煤练习"按钮,使用键盘上的"Enter"按键进入采煤练习场景。

如图 11-5 所示为采煤练习场景,学生可以在此场景下对采煤机的基本功能进行了解,并对采煤机的各功能按钮及液压支架操作手柄进行学习,达到熟练操作采煤机各项功能的目的。

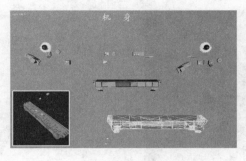

图 11-3 机械构造场景

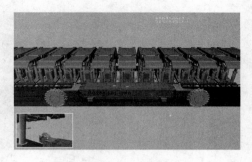

图 11-4 场景教学界面

此场景主要是让学生对采煤机的各控制机构的功能、位置能有所了解,没有操作步骤和危险操作,学生可以操作以下动作:使用遥控器控制采煤机做一些空动作,如:摇臂的上、下;采煤机的左、右牵引;采煤机牵引的加速、减速。

使用液压支架操纵杆可以控制液压支架的如下动作:后刮板的收回;侧护板的展开和收回;插板的展开和收回;尾梁的展开和收回;护帮板的展开和收回;前梁的展开和收回;液压支架、刮板输送机的推移;后立柱的升、降;前立柱的升、降。

学习完毕后,可点击键盘上的"Backspace"按键,退回到"图 11-4 场景教学"。

② 采煤准备

在图 11-4 场景教学中,使用键盘上的"2"按键选中"采煤准备"按钮,使用键盘上的"Enter"按键进入采煤准备场景。

如图 11-6 所示为采煤准备场景。采煤前的准备工作根据实际操作,由系统提供的信息及动画演示教导学习者分步骤地完成采煤前的准备工作。对不正确的操作步骤进行警示。

图 11-5 采煤练习场景

图 11-6 采煤准备场景

进入"采煤准备"场景前,需将采煤机操作按钮面板上的按钮、开关、手把归到初始位置(即断开状态),如没有归到初始位置,"采煤准备"工作会受影响。操作按钮面板初始位置如下:

离合器:离合器的初始位置是摘掉状态(即拉出);

急停按钮:急停按钮的初始位置是弹起状态;

隔离开关:隔离开关的初始位置是左旋状态,如图 11-7 所示。

采煤准备的操作步骤:

进入"采煤准备"后,首先是下井、巷道的动画演示。若想跳过该动画,则按液压支架控制面板上的"退出"按钮,结束动画演示,直接进入采煤准备场景。

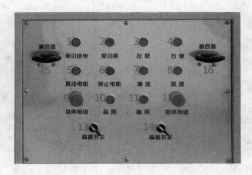

图 11-7　教学仪操作按钮面板

进入准备场景后，系统会弹出安全确认动画，若想跳过该动画，则按液压支架控制面板上的"退出"按钮，结束动画演示，直接进入采煤准备流程。

进入采煤准备流程，系统会以文字、语音、动画、图标的形式进行提示、分步骤的讲解。

采煤准备流程如下：

打开总电源；（操作按钮面板"1"牵引送电按钮）

打开刮板输送机急停按钮；（操作按钮面板"12"急停按钮）

启动刮板输送机；（操作软件功能按钮面板"5"刮板输送机按钮）

打开采煤机急停按钮；（操作按钮面板"9"急停按钮）

闭合采煤机左滚筒隔离开关；（操作按钮面板"13"隔离开关）

闭合采煤机右滚筒隔离开关；（操作按钮面板"14"隔离开关）

合上采煤机左滚筒离合器；（操作按钮面板"15"离合器）

合上采煤机右滚筒离合器；（操作按钮面板"16"离合器）

启动电动机。（操作按钮面板"5"启动电机）

准备工作完毕后，系统会自动弹出跳转窗口（图 11-8）。

点击键盘上的"Enter"按键，进入采煤工作场景。

③ 实操考核（采煤工作）

在图 11-4 场景教学中，使用键盘上的"2"按键选中"实操考核"按钮，使用键盘上的"Enter"按键进入实操考核场景。

如图 11-9 所示为实操考核场景，进入工作状态，在规定时间内，对采煤机进行模拟控制。模拟实际工作中的步骤，对于违规操作，提出警告并给出正确的操作。模拟出采煤过程中井下的真实环境：采煤时煤块落地效果；通过刮板输送机的运输，将落下后的煤块送入输送带上。

进入"实操考核（采煤工作）"后，首先是下井、巷道的动画演示。若想跳过该动画，则按"退出"按钮，结束动画演示，直接进入工作场景。

进入场景后，使用采煤机的遥控器控制采煤机进行工作，采煤机的操作流程如下：

控制采煤机的牵引方向，选择右牵（进入场景采煤机的初始位置在工作面的最左边）；

调整采煤机摇臂（滚筒）的高度，操作右遥控器（遥控器分为左、右遥控器），按动右遥控器上的"上"按钮，将右滚筒升至最高（摇臂的调整根据采煤机的牵引方向来定，依据采煤机牵引方向，右牵则右边的摇臂升高，另一方向的摇臂放置下端）；

图 11-8　返回界面图

图 11-9　实操考核(采煤工作)场景

控制采煤机牵引速度,操作遥控器上的加速、减速来控制采煤机的牵引速度;

控制采煤机牵引停止,当采煤机采到工作面的端头或出现紧急情况,可操作遥控器上的牵停按钮,控制采煤机牵引停止。

当采煤机即将切割至端头,需控制采煤机减速;当采煤机切割至端头,需控制采煤机牵引停止;然后切换牵引方向(选择遥控器上的左牵按钮),调整采煤机摇臂(左边摇臂升高至最高点,右边的滚筒放置下端),调整完毕后,操作牵引加速,采煤机缓慢向左牵引,直至完成一个工作面的循环作业。

液压支架的操控方法:

在距采煤机后滚筒 3～5 架方能开始移架,移架前,需将刮板输送机推平(俗称"推溜")。

首先要切换至移架视角,操作软件功能按钮面板上的"2"移架视角按钮,切换移架视角(图 11-10)。

在该视角中,可看出液压支架上的编号变成红色,表示当前可操作的液压支架,也可通过液压支架控制按钮面板上的"3"、"4"前支架、后支架按钮(图 11-11),选择应操作的液压支架。

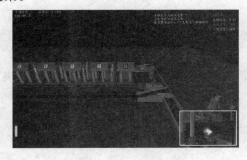

图 11-10　切换视角

图 11-11　液压支架控制按钮面板

在距采煤机后滚筒 6～7 架液压支架方可操作推溜动作,首先,通过液压支架控制面板上的"3"、"4"前支架、后支架按钮,选择应推溜的液压支架(按软件设计流程是从"1"号架开始推溜),然后控制液压支架推溜,向上扳动液压支架控制面板上的"13"移架操纵杆,推移当前选择的溜子(刮板输送机);按照以上步骤一直推到"15"号支架,此时工作面上所有的刮板输送机已经在一条直线上(然后控制采煤机回采,返回到起点,重新向右牵引),然后再返回"1"号支架,在距采煤机后滚筒 6～7 架液压支架开始移架。

移架步骤如下:

收回护帮板；(向下扳动"11"护帮板操纵杆)

降后立柱，使顶梁略离顶板；(向下扳动"14"后立柱操纵杆)

控制移架液压缸进行移架；(向下扳动"13"移架操纵杆)

升后立柱，使顶梁顶至顶板；(向上扳动"14"后立柱操纵杆)

展开护帮板。(向上扳动"11"护帮板操纵杆)

"1"号支架移架完毕后，操作液压支架控制面板上的"4"后支架按钮，切换到"2"号支架，然后再按照移架步骤进行"2"号支架的移架。

按照以上讲解步骤，按顺序操作工作面中液压支架的移架工作，直至推到距采煤机后滚筒的 3～5 架，方可结束移架工作。

移架操作完毕后，下一步操作是推溜，在距采煤机后滚筒 6～7 架液压支架方可操作推溜动作，操作步骤如下：

切换至移架视角，操作液压支架控制面板上的"2"移架视角按钮，切换至移架视角；

选择需推溜的支架，通过液压支架控制面板上的"3"、"4"前支架、后支架按钮，选择应推溜的液压支架；

控制液压支架推溜，向上扳动液压支架控制面板上的"13"移架操纵杆，推移当前选择的溜子(刮板输送机)；

然后重复操作上述二、三步骤，直至推至采煤机后滚筒第 6～7 架液压支架为止。

在考核过程中，若想提前结束考核，则同时按住采煤机控制按钮面板上"4"、"5"功能按钮(后支架、刮板输送机按钮)，进入关机流程。

按照语音、动画、图标提示完成关机流程操作，操作完毕后，系统会列出此次考核过程中的错误操作及次数，以及相应的扣分，最后会得出此次考核的总成绩。

操作完毕后，可点击键盘上的"Backspace"按键，可选择进入故障处理或返回场景教学界面。

④ 常见故障处理

在图 11-4 场景教学中，使用键盘上的"2"按键选中"常见故障处理"按钮，使用键盘上的"Enter"按键进入常见故障处理场景

对采煤机经常出现的故障进行动画模拟及指导，对学习者掌握采煤机一些故障解决可起到教导的作用。

该模块的操作方法与"采煤准备""采煤考核(采煤工作)"相同。

学习完毕后，可点击键盘上的"Backspace"按键，退回到场景教学。

(4) 理论考试

在图 11-1 主操控界面中，使用操作台上的"后立柱"操作手柄选中"理论考试"按钮，下拉操作台上的"前立柱"操作手柄进入理论考试系统。

如图 11-12 所示为理论考试模块，该模块以试题的形式考查学生对采煤机操作基础掌握程度。

操作方法如下：

选择题：选择"A"、"B"、"C"、"D"分别为：键盘上的"1"、"2"、"3"、"4"按键；

判断题：选择"正确"、"错误"分别为：按键上的"1"、"2"按键；

提交试卷：考试完毕后，可操作键盘上的"Enter"按键进行提交试卷操作；

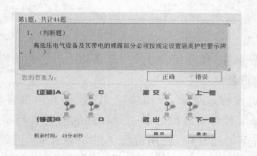

图 11-12　理论考试

退出考试：提交完毕后，可操作键盘上的"Backspace"按键，退出考试系统，返回到主界面。

2. 掘进机虚拟实训实验

（1）入门教学

在图 11-13 主操控界面中，使用键盘上的"2"按键选中"入门教学"按钮，使用键盘上的"Enter"按键进入如图 11-14 所示入门教学界面，入门教学分为基础知识和视频教学。

图 11-13　主操控界面

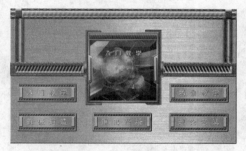

图 11-14　入门教学界面

① 基础知识

在图 11-14 入门教学界面中，使用键盘上的"2"按键选中"基础知识"按钮，使用键盘上的"Enter"按键进入基础知识讲解。

该项模块简要介绍掘进机操作的相关知识和注意事项，使操作者对掘进机有一定的了解。

使用键盘上的"4"、"6"按键可以控制视频的快进快退；"—"按键可以控制视频的暂停、播放；"/"按键可以控制视频声音的关闭、播放；"2"、"8"按键可以在多个知识点之间进行切换。

学习完毕后，可点击键盘上的"Backspace"按键，退回到"入门教学"界面。

② 视频教学

在入门教学界面中，使用键盘上的"2"按键选中"视频教学"按钮，使用键盘上的"Enter"按键进入视频播放系统。该板块以视频的方式介绍掘进机在实际工作中的相关知识和注意事项。

使用键盘上的"2"、"8"按键可以在多个知识点之间进行切换；"4"、"6"按键可以控制视频的播放、后退、前进、全屏、停止。

学习完毕后，可点击键盘上的"Backspace"按键，退回到"入门教学"界面。

（2）机械构造

在图 11-13 主操控界面中，使用键盘上的"2"按键选中"机械构造"按钮，使用键盘上的"Enter"按键进入机械构造场景。

如图 11-15 所示为机械构造场景，该模块以 3D 效果展示掘进机的各主要部件，并对相应的部件进行说明，使操作者对掘进机的各主要部件的功能有所了解。

操作方法：在语音讲解的过程中，使用键盘上的"一"按键，可以对该部件的讲解进行暂停操作，使用键盘上的"+"按键，可以跳过该部件的讲解，进行下一部件的讲解。各部件的组装是在全自动化的状态下完成的，完成组装后，学习者可以利用键盘上的按键对掘进机进行 360°的旋转展示操作，使用键盘上的"2"、"8"按键可以对掘进机进行上下翻转操作，使用键盘上的"4"、"6"按键可以对掘进机进行左右旋转操作。

在此场景下，学习者可以使用键盘上的"7"、"8"、"9"按键分别播放掘进机安装、液压管路、液压原理动画，用键盘上的"4"、"6"按键可以控制视频的快进、快退，"一"按键可以控制视频的暂停、播放，"/"按键可以控制视频声音的关闭、播放。

学习完毕后，可点击键盘上的"Backspace"按键，退回到主操控界面。

（3）场景教学

在图 11-13 主操控界面中，使用键盘上的"2"按键选中"场景教学"按钮，使用键盘上的"Enter"按键进入下级界面。

如图 11-16 所示为场景教学模块，该模块分为掘进练习、初级考核、中级考核、高级考核四个场景模块，使学习者可以在模拟的实际工作环境下进行考核学习。

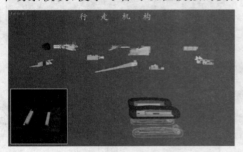
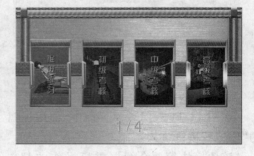

图 11-15　机械构造场景　　　　　　　　图 11-16　场景教学

进入场景教学的任意模块前，都需要将掘进机操作按钮、开关、手柄归到初始位置（即零位断开状态），如没有归到初始位置，进入场景操作会受到影响。手柄、按钮、开关初始位置如下：

急停按钮：急停按钮的初始位置是弹起状态；

总电源旋钮（三档）：总电源旋钮初始位置是旋钮旋转到中间位置（即零位，如图 11-17 所示）；

截割速度旋钮（三档）：截割速度旋钮初始位置是旋钮旋转到中间位置（即零位，如图 11-17 所示）；

操作手柄（三档）：所有操作手柄初始位置是手柄扳到中间位置（即零位，三档中的中间一档，如图 11-17 所示）。

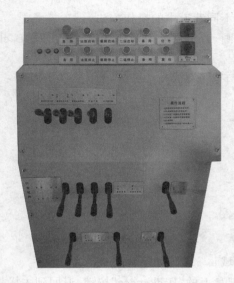

图 11-17　主操控界面

学习完毕后,可点击键盘上的"Backspace"按键,退回到主操控界面。

① 掘进练习

在图 11-13 场景教学中,使用键盘上的"2"按键选中"掘进练习"按钮,使用键盘上的"Enter"按键进入掘进练习场景。

掘进练习场景分为空操作和掘进练习,如图 11-18 所示为空操作场景,学习者可以在此场景下对掘进机的基本功能进行了解,并对掘进机的各功能按钮及操作手柄进行学习,达到熟练操作掘进机各项功能的目的。

此场景有两种教学模式,一个是在地面上进行操作练习——空操作场景,一个是在虚拟的井下对掘进机的开机顺序进行学习——掘进练习场景(图 11-19);操作小键盘上的"8"按键可以在两个教学场景之间进行切换。

图 11-18　空操作场景

图 11-19　掘进练习场景

空操作操作方法:

此场景主要是让学生对掘进机的各控制机构的功能、位置能有所了解,没有操作步骤和危险操作,学生可以随意操作各手柄、开关、操纵杆。

井下掘进练习操作方法:

进入虚拟井下操作时,可以操作小键盘上的"+"按键切换不同的巷道形状(矩形、梯形、拱形），让学生可以熟悉在不同巷道中的操作方法。

首先是安全确认的动画，若想跳过该动画，则按"退出"（"Backspace"）按键，结束动画演示，直接进入掘进准备流程。

掘进准备操作流程如下：

启动总电源；

打开急停按钮；

启动液压油泵电机；

启动第二运输机；

启动刮板输送机；

启动星轮；

打开喷雾系统；

启动截割电机；

将掘进行进到工作区域。

学习完毕后，可点击键盘上的"Backspace"按键，退回到主操控界面。

② 初级考核

在图 11-13 场景教学中，使用键盘上的"2"按键选中"初级考核"按钮，使用键盘上的"Enter"按键进入初级考核场景。

进入场景后，首先是进入巷道的动画演示，若想跳过该动画，则操作小键盘上的"Backspace"按键，结束动画演示，直接进入工作面。

如图 11-20 所示为初级考核场景。初级考核主要考核学习者对掘进机操作的掌握程度。

图 11-20　初级考核场景

进入初级考核场景，首先使用小键盘输入学生的身份证号码，输入完毕后，按确认按钮，进入考核场景。进入场景后，由系统提供的信息及动画演示教导学习者分步骤完成掘进前的准备工作。进入工作状态，在规定时间内对掘进机进行模拟控制；操纵手柄，进行复合操作，割出规定的形状。模拟实际工作中的步骤，对于违规操作，提出警告并给出正确的操作。模拟出在掘进过程中井下的真实环境：掘进时煤块落地效果；通过星轮的运动，将落地后的煤块送入输送带上，对不正确的操作步骤进行警示。该考核的巷道工作面为拱形。

操作键盘上的"＊"按键播放考核流程动画，在考核前需自行播放该动画，该动画主要演示考核流程。

考核操作步骤：

　　进入"掘进工作"后,首先是下井、巷道的动画演示。若想跳过该动画,则按键盘上的"Backspace"按键,结束动画演示,直接进入考核场景。

　　首先是掘进机开机前的准备工作(进入准备工作流程前会播放一段安全确认的动画,若想跳过该动画,则按"Backspace"按键,结束动画演示,直接进入掘进准备流程)。

　　掘进准备操作流程如下:

　　启动总电源;

　　打开急停按钮;

　　启动液压油泵电机;

　　启动第二运输机;

　　启动刮板输送机;

　　启动星轮;

　　打开喷雾系统;

　　启动截割电机;

　　将掘进行进到工作区域。

　　完成掘进准备工作后,系统会弹出操作流程动画。若想跳过该动画,则按"Backspace"按键,结束动画演示,直接进入考核场景进行操作。

　　进入场景(图11-21)后,当掘进机进入工作状态后,便可使用操纵杆和操作手柄控制掘进机进行工作,掘进工作的操作流程如下:

图 11-21　考核场景

　　操作操控手柄将截割头调到中心并紧贴底板;

　　同时操作"左行走""右行走"操纵杆,使掘进机前进;

　　当截割头碰到煤壁时,操作"截割伸缩"操纵杆将截割头伸出(伸到最大深度),掘出一个洞;

　　操作"截割伸缩"操纵杆将截割头收回;

　　操作"左行走""右行走"操纵杆,再使掘进机前进;

　　前进到煤壁时,操作"截割伸缩"操纵杆将截割头伸出,这时洞掘的更深(2个截割头深度);

　　操作"截割伸缩"操纵杆,再一次将截割头收回;

　　同时操作"左行走""右行走"操纵杆,使掘进机前进;

　　这时铲板紧贴煤壁,然后操作"后支撑"操纵杆,支起后支撑;

　　这时便可操作操控手柄按截割顺序进行煤壁的截割(截割时,截割头不需伸出)。

按顺序截割完毕后,操作"后支撑"操纵杆,将后支撑收回;然后重复操作上述步骤直至完成考核。

若想提前结束考核,则同时按住小键盘上的数字按键"3"、"4"键,进入关机流程,根据提示完成关机操作。

根据语音、动画、图标示意提示完成关机操作,掘进机的关机流程操作如下:

关闭截割头;

关闭星轮;

关闭刮板输送机;

关闭桥转胶带机;

关闭喷雾系统;

收回后支撑;

抬起铲板;

操作履带退机;

收回截割头;

转台左转;

截割头落地;

关闭液压油泵电机;

闭合急停开关;

关闭总电源。

关机流程操作完毕后,系统会自动播放一个锚杆支护前的准备动画。

动画播放完毕后,最终会列出此次考核过程中的错误操作及次数,以及相应的扣分,最后会得出此次考核的总成绩。

考核完毕后,可点击键盘上的"Backspace"按键,退回到主操控界面。

③ 中级考核

在图 11-13 场景教学中,使用键盘上的"2"按键选中"中级考核"按钮,使用键盘上的"Enter"按键进入中级考核场景。

如图 11-22 所示为中级考核场景,中级考核主要考核学习者对掘进机操作的掌握程度。

图 11-22　中级考核场景

进入中级考核场景,首先使用小键盘输入考生的身份证号码,输入完毕后,按确认按钮,进入考核场景。进入场景后,操作者首先需按照掘进准备顺序进行开机(此场景没有引导提示),进入工作状态,在规定时间内,对掘进机进行模拟控制;操纵手柄,进行复合操作,割出规定的形状。模拟实际工作中的步骤,对于违规操作,提出警告并给出正确的操作。模拟出在掘进过程中井下的真实环境:掘进时煤块落地效果;通过星轮的运动,将落地后的煤块送入输送带上。该考核工作面为梯形工作面。

此考核的操作方法与初级考核相同,参考初级考核的"考核操作步骤"。

若想提前结束考核,则同时按住小键盘上的数字按键"3"、"4"键,进入关机流程,根据提示完成关机操作。

考核完毕后,可点击键盘上的"Backspace"按键,退回到主操控界面。

④ 高级考核

在场景教学中,使用键盘上的"2"按键选中"高级考核"按钮,使用键盘上的"Enter"按键进入高级考核场景。

考核学习者对掘进机经常出现的故障的判断能力。

进入高级考核模块,首先使用小键盘输入考生的身份证号码,输入完毕后,按确认按钮,进入考核模块。该考核以理论的形式考核学习者,系统随机出题,学习者使用小键盘上的"7""9""1""3"对题目作出相应的判断。该考核工作面为矩形工作面。

答题的操作方法如下(小键盘):

"7"按键:选择"A"选项;

"9"按键:选择"B"选项;

"1"按键:选择"C"选项;

"3"按键:选择"D"选项。

选择完毕后,使用小键盘上的"＊"按键提交答案,提交完毕后,再次操作"＊"按键,确认当前选择的答案,并返回场景,可继续进行操作。

考核完毕后,可点击键盘上的"Backspace"按键,退回到主操控界面。

(4)理论考试

在图 11-13 主操控界面中,使用键盘上的"2"按键选中"理论考试"按钮,使用键盘上的"Enter"按键进入考试系统。

如图 11-23 所示为理论考试模块系统登录页面,该模块以试题的形式考查学生对掘进机操作基础掌握程度。

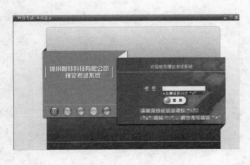

图 11-23 理论考试模块系统登录页面

五、实验报告要求

(1)实验报告内容要包括实验目的、实验仪器与设备、实验步骤、文字说明和心得体会部分等。

（2）文字说明部分说明采煤机的基本结构及各部分的功能；采煤机、掘进机各功能按钮及液压支架操作手柄的作用等。

（3）心得体会部分，需要结合"矿山机械与设备"课程的理论学习内容，对比采煤机、掘进机虚拟实训教学实验仪，进行对比说明。

六、实验注意事项

（1）进行虚拟实训时注意安全，按照实验指导老师的要求进行。

（2）操作过程中要按照实验指导书的实验步骤进行操作。

（3）实验过程中要遵守纪律。

第二篇
采矿工程专业独立实验

第十二章　岩石力学实验

实验一　测定岩石的密度

一、实验目的

通过本实验使学生掌握测定岩石密度的方法。

二、实验仪器、设备

(1) 试样制备设备:钻芯机、岩石切割机、双面磨石机等。

(2) 烘箱、干燥器。

(3) 天平:称量 100~500 g,感量 0.01 g。

(4) 卡尺:精度 0.01 mm。

(5) 其他:放大镜、小刀等。

三、实验原理

根据岩石的块体密度定义可知,可通过测定规则岩石试样的体积和质量来求岩石块体密度。量积法的基本原理是把岩石加工成形状规则(圆柱体、方柱体或立方体)的试样,用卡尺测量试样的尺寸,求出体积,并用天平称取试样的质量,然后计算出岩石的块体密度。

四、实验内容

(1) 试样制备

(2) 试样描述

(3) 量测试样尺寸

(4) 烘干试样、称试样质量

(5) 计算岩石的块体密度

(6) 整理数据

五、实验步骤

1. 试样制备

试样形状常用圆柱体、立方体或方柱体,试样加工应满足下列要求:

(1) 试样尺寸应大于岩石最大颗粒的 10 倍。

(2) 沿试样高度,直径或边长的误差不超过 0.03 cm。

(3) 试样两端面不平整度误差不超过 0.005 cm。

(4) 试样两端面应垂直试样轴线,最大偏差不超过 0.25°。

(5) 立方体或方柱体试样,相邻两面应互相垂直,最大偏差不超过 0.25°。

每组试样制备不少于 3 块,不允许缺棱掉角。

2. 试样描述

描述内容包括:

(1) 岩石名称、颜色、矿物成分、结构、风化程度、胶结物性质等。

(2) 节理裂隙的发育程度及其分布。

(3) 试样的形态。

3. 量测试样尺寸

(1) 量测试样两端和中间三个断面上相互垂直的两个直径或边长,按平均值计算截面积。

(2) 量测端面周边对称四点和中心点的五个高度,计算高度平均值。

尺寸量测应精确至 0.001 cm,尺寸量完后,计算试样的体积(V)。

4. 烘干试样、称试样质量

将试样置于烘箱内,在 105～110 ℃恒温下烘 24 h,然后放入干燥器内冷却至室温,称试样质量,精确至 0.01 g。

5. 计算岩石的块体密度

$$\rho = \frac{m_s}{V} \tag{12-1}$$

式中　ρ——岩石的块体密度,g/cm³;

　　　m_s——岩石试样的干质量,g;

　　　V——岩石试样的体积,cm³。

计算结果精确至 0.01 g/cm³。

本实验每组平行测定 3 块试样,取其平均值作为岩石的块体密度。

六、实验报告要求

实验报告内容包括:专业班级、学生姓名、学号、实验项目名称、实验指导教师、实验日期、实验目的、实验原理、实验仪器与设备、实验步骤、实验记录(原始数据记录、数据处理及分析等)、实验结果与讨论、实验思考题的回答等。

本实验数据记录表格式如表 12-1 所示。

表 12-1　　　　　　　　　　　岩石密度实验数据记录表

试样编号	岩石的干质量(m_s)/g	岩石的体积(V)/cm³	岩石密度(ρ)/(g/cm³)	密度平均值(ρ')/(g/cm³)

七、实验注意事项

(1) 试样加工必须满足实验要求。

(2) 烘干试样时要注意温度,避免受伤,烘干时间要满足要求。

八、思考题

量积法与封蜡法各适用于什么岩石?两种方法有何本质区别?

实验二　测定岩石的吸水率和饱和吸水率

一、实验目的

通过本实验使学生了解岩石的吸水率和饱和吸水率,通过实验数据反映岩石的吸水能力。

二、实验仪器、设备

(1)烘箱和干燥器。

(2)天平。

(3)煮沸设备或真空抽气设备。

(4)水中称重装置。

三、实验原理

岩石的饱和吸水率是岩石试样在强制状态下(1 500 个大气压或真空),吸入的最大水量与试样固体质量的比值,用百分数表示。一般采用浸水法测定岩石吸水率,用煮沸法或真空抽气法测定岩石的饱和吸水率。

四、实验内容

(1)试样制备

(2)试样描述

(3)试样烘干

(4)试样浸水

(5)强制饱和

(6)称量饱和试样在水中的质量(m_w)

(7)数据整理

五、实验步骤

1. 试样制备

可采用规则试样和不规则试样,规则试样一般用边长为 5 cm 的立方体或直径为 5 cm 的圆柱体,不规则试样一般用边长 3～5 cm 的近似立方体岩块,并将凸出的边棱部分和松动部分清除,并清除表面附着物,每组试样需 3 块。

2. 试样描述

描述内容同实验一。

3. 试样烘干

将试样置于烘箱中,在 105～110 ℃温度下烘干 24 h,取出放置于干燥器中,冷却至室温后称量(m_s)。

4. 试样浸水

将试样放于水槽内,试样之间应留有空隙,然后向水槽注水使试样逐步浸水,首先浸没至试样高度的 1/4 处,以后每隔 2 h 注水一次,使水位分别抬升至试样高度的 1/2、3/4、4/4 处,最后一次注水应高出试样顶面 1～2 cm,再浸泡 48 h,取出试样,用湿毛巾擦去表面水分,称取湿试样的质量(m_1)。

5. 强制饱和

用煮沸法饱和试样时:将试样置于煮沸水槽内,试样之间应留有空隙,然后加水煮沸,这时应使水槽内的水位始终保持高于试样,煮沸时间应不少于 6 h。

用真空抽气法饱和试样时:将试样放于真空干燥器内的多孔板上,加盖后开动真空泵,使干燥器内的真空度达到 740 mm 水银柱负压;约半小时后,经干燥器内的三开关,慢慢将水注入干燥器中,并使水面高于试样顶面,再继续抽气 1~2 h,直至试样表现不再发生气泡为止,然后关闭真空泵,扭开三通开关,与空气相通,静置 4 h,取出后用湿毛巾擦去试样表面水分,称取饱和试样的质量(m_2)。

6. 称量饱和试样在水中的质量(m_w)

7. 数据处理

$$w_a = \frac{m_1 - m_s}{m_s} \times 100\% \tag{12-2}$$

$$w_p = \frac{m_2 - m_s}{m_s} \times 100\% \tag{12-3}$$

$$\rho_d = \frac{m_s}{m_2 - m_w} \tag{12-4}$$

$$n_0 = \frac{m_2 - m_s}{m_2 - m_w} \times 100\% \tag{12-5}$$

式中　w_a——岩石的吸水率,%;

w_p——岩石的饱和吸水率,%;

ρ_d——岩石块体的干密度,g/cm³;

m_s——试样的干质量,g;

m_1——试样浸水 48 h 后的质量,g;

m_2——试样强制饱和后的饱和质量,g;

m_w——饱和试样在水中的质量,g。

计算精确至 0.01%。

六、实验报告要求

实验报告内容包括:专业班级、学生姓名、学号、实验项目名称、实验指导教师、实验日期、实验目的、实验原理、实验仪器与设备、实验步骤、实验记录(原始数据记录、数据处理及分析等)、实验结果与讨论、实验思考题的回答等。

本实验数据记录表格式如表 12-2 所示。

表 12-2　　　　　　　　　　岩石的吸水率和饱和吸水率实验记录表

试样编号	试样干质量/g	试件浸水质量/g	试件饱和质量/g	吸水率/%	饱和吸水率/%
平均值					

七、实验注意事项

（1）在取样和试样制备中，不允许发生人为裂隙，一般不允许采用爆破法取样。

（2）浸水时间及煮沸时间，应分别从试样完全淹没及开始沸腾后算起。

八、思考题

采用煮沸法和真空抽气法对试件进行饱和处理有什么区别？

实验三　测定岩石的静力变形参数

一、实验目的

通过本实验使学生了解岩石弹性模量和泊松比的测量仪器，通过实验数据了解岩石的一些变形性质。

二、实验仪器、设备

（1）试样制备设备：钻芯机、岩石切割机、双面磨石机等。

（2）压力机。

（3）静态电阻应变仪。

（4）惠斯顿电桥、万用表、兆欧表。

（5）电阻片及贴片设备。

（6）电线及焊接设备。

三、实验原理

岩石的变形是指岩石在外荷载作用下，内部颗粒间相对位置变化而产生与大小的变化，反映岩石变形性质的参数常用的有：变形模量和泊松比。泊松比是指单向压缩条件下横向应变与纵向应变之比，一般用单轴抗压强度的 50％ 对应的横向与纵向应变之比作为岩石的泊松比。本实验是将岩石试样置于压力机上加压，同时用应变计或位移计测记不同压力下的岩石变形值，求得应力—应变曲线，然后通过该曲线求岩石的变形模量和泊松比。

四、实验内容

（1）试样制备

（2）试样描述

（3）试样尺寸测量

（4）试样含水状态处理

（5）电阻应变片的粘贴及防潮处理

（6）电阻应变仪的调试

（7）安点接线

（8）预调平衡箱

（9）施加荷载

（10）计算与成果整理

五、实验步骤

1. 试样制备

(1)样品可用钻孔岩芯或在坑槽中采取的岩块,在取样和试样制备过程中,不允许产生人为裂隙。

(2)试件规格:采用直径 5 cm,高为 10 cm 的方柱体,各尺寸允许变化范围为:直径及边长为±0.2 cm,高为±0.5 cm。

(3)试样制备的精度应满足如下要求:

① 沿试样高度,直径的误差不超过 0.03 cm;

② 试样两端面不平行度误差,最大不超过 0.005 cm;

③ 端面应垂直于轴线,最大偏差不超过 0.25°;

④ 方柱体试样的相邻两面应互相垂直,最大偏差不超过 0.25°。

2. 试样描述

描述内容包括:岩石名称、颜色、矿物成分、结构、风化程度、胶结物性质等;加载方向与岩石试样内层理、节理、裂隙的关系及试样加工中出现的问题。

3. 试样尺寸测量

对圆柱体试样:直径应沿试样整个高度上分别量测两端面和中点三个断面的直径,取其平均值作为试样直径;高度应在两端等距取三点量测试样的高,取其平均值,作为试样的高,同时检验两端面的不平整度。

对方柱体:每个边长取四个角点及中心点五处分别量测五个尺寸,取其平均值。

尺寸测量均应精确到 0.001 cm。

4. 试样含水状态处理

在进行实验前应按要求的含水状态进行风干、烘干或饱和处理。

(1)天然状态试样:应在拆除密封后立即制样试验,并测定其含水量。

(2)风干试样:在室内放置 4 d 以上。

(3)烘干试样:在 105～110 ℃温度下烘干 12 h。

(4)饱水试样:按实验二规定的标准进行饱水。

5. 电阻应变片的粘贴及防潮处理

(1)选择电阻片要求电阻丝平直,间距均匀,电阻片阻栅长度大于试样中最大颗粒尺寸的 10 倍,并小于试样的半径;作为同一试样的工作片和补偿片的规格、灵敏系数等应相同,电阻值相差不超过 0.2 Ω。

(2)电阻应变片应牢固贴在试样中部表面,并尽量避开裂隙和个别较大的晶体、斑晶及砾石等;纵向、横向应变片的数量不少于两片,其绝缘电阻值要大于 200 MΩ。

(3)贴片及防潮处理贴片用的胶,对于烘干、风干试样可采用一般胶合剂,对天然含水状态及饱和试样,需采用防潮胶液,并作防潮处理。

(4)黏合剂干固后用细导线与电阻应变片的引线焊接牢固,然后将导线固定并在其线头作标记以便识别。

6. 电阻应变仪的调试

(1)用三芯电源线将交流电源(220 V)与仪器电源插座接上,把电源开关置于"BO"短路上,预热 1 min,转动微调盘看指示电表有否偏转,如有偏转,说明仪器正常。

（2）将开关转到"阻"上，用螺丝刀调"电阻平衡"电位器，使指示电表指零，然后再将开关转到"容"上，再调节"电容平衡"电位器，使指示电表的指针指零或向零靠近。重复上述步骤，反复调整几次，最后将开关转到"阻"上。

（3）观察灵敏度，旋转微调偏转 $10~\mu\varepsilon$ 时，指示电表也应指示 $10~\mu\varepsilon$。

（4）预热 0.5 h 后，再检查一次平衡，就可以进行测量工作。

7．安点接线

将准备好的试样放置在压力机的承压板中心，取另一贴有补偿片的试样置于试样附近，按半桥连线方式将试样导线与电阻应变仪连接，如图 12-1 所示，即在应变仪 A、B 接线柱之间接工作片，B、C 之间接补偿片。

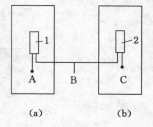

图 12-1　接线图
（a）受压试件；（b）不受压试件
1——工作片；2——补偿片

8．预调平衡箱

作多点测量时，需使用平衡箱，予以配合，使用前也应进行调试，其步骤如下：

（1）将转换开关放在平衡位置上。

（2）选点开关调在校准上。

（3）应变仪通电并将微、中、大调盘调到零点。应变仪电源开关旋转到"阻"上，并用螺丝刀旋转"校准"电位器，使应变仪指示表指零。

（4）将选点开关调到需要测量的点上，并调节预调平衡箱相应点的电位器，到使应变仪指示电表指零，再将应变仪电源开关放在"容"上，调节应变仪"电容平衡"电位器至指示电表指针指零或最靠近零，这样反复调整几次，使应变仪面板上的开关在指"容"和指"阻"时，指示电表指针均指零，最后将开关放在"阻"上。

（5）其余各点电阻平衡均按上述方法调试，调好后应变仪的电阻与电容平衡电位器不能再转动。

9．施加荷载

（1）开动实验机，使承压板与试样接触。

（2）以 0.5～0.8 MPa/s 的速度施加荷载，直至试样破坏或至少超过抗压强度之 50%，在加压过程中，测记各级压力下岩石试样的纵向和横向应变值。

（3）纵向、横向应变值的测读：加载时应变仪指示电表指针偏转，这时需调整读数盘各档，使指针指零，各读数盘所指数即为应变值，正值代表压缩，负值代表拉伸，为求得完整的应力—应变曲线，所测应变值不应少于 10 个。

10．计算与成果整理

（1）计算各级应力值

$$\sigma = \frac{P}{A} \tag{12-6}$$

式中　　σ——压应力值，MPa；

P——垂直荷载，N；

A——试样横断面面积，mm^2。

（2）绘制应力—纵向应变曲线、应力—横向应变曲线及应力—体积应变曲线（图 12-2）体积应变按下式计算：

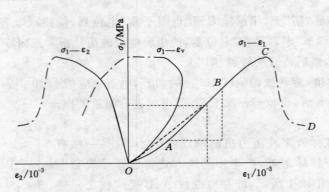

图 12-2　岩石试件单轴压缩的应力—应变曲线

$$\varepsilon_v = \varepsilon_a - 2\varepsilon_c \tag{12-7}$$

式中　ε_v——某一级应力下的体积应变；

　　　ε_a——同一级应力下的纵向应变；

　　　ε_c——同一级应力下的横向应变。

（3）求变形模量及泊松比

在应力—纵向应变曲线上，作原点 O 与抗压强度 50% 点 M 的连线，变形模量按下式计算：

$$E_{50} = \frac{\sigma_{50}}{\varepsilon_{1,50}} \tag{12-8}$$

取应力为抗压强度 50% 时的纵向应变和横向应变值计算泊松比。

$$\mu_{50} = \frac{\varepsilon_{d,50}}{\varepsilon_{1,50}} \tag{12-9}$$

式中　E_{50}——岩石割线弹性模量，MPa；

　　　μ_{50}——岩石泊松比；

　　　σ_{50}——相当于抗压强度 50% 的应力值，MPa；

　　　$\varepsilon_{1,50}$——应力为 σ_{50} 时的纵向应变；

　　　$\varepsilon_{d,50}$——应力为 σ_{50} 时的横向应变。

岩石变形模量取 3 位有效数字，泊松比计算值精确至 0.01。

六、实验报告要求

实验报告内容包括：专业班级、学生姓名、学号、实验项目名称、实验指导教师、实验日期、实验目的、实验原理、实验仪器与设备、实验步骤、实验记录（原始数据记录、数据处理及分析等）、实验结果与讨论、实验思考题的回答等。

本实验数据记录表格式如表 12-3 所示。

表 12-3　　　　　　　　　岩石静力变形参数记录表

试件尺寸：长　　　　mm；宽　　　　mm；直径　　　　mm；面积　　　　mm²

纵向荷载 P/N	纵向应力 σ/MPa	纵向应变 ε_l	横向应变 ε_d	体积应变 ε_v

七、实验注意事项

（1）如压力机承压板的尺寸大于试样尺寸的两倍时，需要在试样上、下端加辅助承压板。

（2）贴片时胶要涂得薄而均匀，贴后需细心检查，不能有气泡存在。

（3）在试样加压之前，应检查试样是否均匀受压。其方法是给试样加上少许压力，观测两纵向应变值是否接近，如相差较大，应重新调整试样。

八、思考题

（1）用电阻应变仪量测岩石变形的原理是什么？电阻片及其粘贴技术对测量结果有什么影响？

（2）为什么不能将电阻应变片贴在大的晶体、斑晶、砾石及裂隙上？

实验四　岩石的单轴抗压强度实验

一、实验目的

熟悉实验室试件的制备（试件的采集、钻取、切割、打磨）过程；掌握测试岩石单轴抗压强度所使用的实验仪器设备、测试原理、实验步骤与方法；培养独立分析实验现象、处理实验数据、评价实验结果的能力。

二、实验仪器、设备

（1）试样制备设备：钻芯机、岩石切割机、双面磨石机等。

（2）测量平台、卡尺、放大镜等。

（3）烘箱、干燥箱。

（4）水槽、煮沸设备或真空抽气设备。

（5）携带式岩土力学多功能实验仪。

三、实验原理

岩石的单轴抗压强度是指岩石试样在单向受压至破坏时，单位面积上所承受的最大压应力：$\sigma_c = \dfrac{P}{A}$（MPa），一般简称抗压强度。根据岩石的含水状态不同，又有干抗压强度和饱和抗压强度之分。岩石的单轴抗压强度，常采用在压力机上直接压坏标准试样测得，也可与岩石单轴压缩变形实验同时进行，或用其他方法间接求得。

四、实验内容

（1）制作试样

（2）试样描述

（3）试样烘干或饱和处理

（4）测量试样尺寸

（5）安装试样、加载

（6）描述试样破坏后的形态，并记录有关情况

（7）计算岩石的单轴抗压强度

五、实验步骤

1. 试样制备

试样规格:一般采用直径 5 cm,高 10 cm 的圆柱体,以及边长为 5 cm,高为 10 cm 的方柱体,每组试样必须制备 3 块。

试样制备精度要求同实验三。

2. 试样描述

实验前应对试样进行描述,内容同实验三。

3. 试样烘干或饱和处理

根据实验要求需对试样进行烘干或饱和处理。

烘干试样:在 105～110 ℃温度下烘干 24 h。

自由浸水法饱和试样:将试样放入水槽,先注水至试样高度的 1/4 处,以后每隔 2 h 分别注水至试样高度的 1/2 和 3/4 处,6 h 后全部浸没试样,试样在水中自由吸水 48 h。

煮沸法饱和试样:煮沸容器内的水面始终高于试样,煮沸时间不少于 6 h。

真空抽气法饱和试样:饱和容器内的水面始终高于试样,真空压力表读数宜为 100 kPa,直至无气泡逸出为止,但总抽气时间不应少于 4 h。

4. 测量试样尺寸

按照实验一量积法中的要求,量测试样断面的边长,求取其断面面积(A)。

5. 安装试样、加载

将试样置于实验机承压板中心,调整球形座,使之均匀受载,然后以每秒 0.5～1.0 MPa 的加载速度加载,直至试样破坏,记下破坏荷载(P)。

6. 描述试样破坏后的形态并记录有关情况

7. 计算岩石的单轴抗压强度

$$\sigma_c = \frac{P}{A} \tag{12-10}$$

式中 σ_c——岩石的单轴抗压强度,MPa;

P——破坏荷载,N;

A——垂直于加载方向试样断面积,mm²。

计算值取 3 位有效数字。

六、实验报告要求

实验报告内容包括:专业班级、学生姓名、学号、实验项目名称、实验指导教师、实验日期、实验目的、实验原理、实验仪器与设备、实验步骤、实验记录(原始数据记录、数据处理及分析等)、实验结果与讨论、实验思考题的回答等。

本实验数据记录表格式如表 12-4 所示。

七、实验注意事项

(1)当试样临近破坏时,需适当放慢加载速度,并事先设防护罩,以防止脆性坚硬岩石突然破坏时岩屑飞射。

(2)在对试样加载前,应检查试样是否均匀受压。

表 12-4 　　　　　　　　　　　单轴抗压强度实验记录表

试样编号	试样尺寸/mm		横截面积 A/mm^2	破坏荷载 P /kN	单轴抗压强度 σ_c/MPa	
	直径	高			单值	平均值

八、思考题

（1）影响岩石单轴抗压强度的实验条件有哪些？

（2）试样形态、高经比、加载速度等是怎样影响岩石单轴抗压强度的？

实验五　岩石的单轴抗拉强度实验

一、实验目的

通过实验，让学生学会劈裂法检验岩石抗拉强度的实验方法，对岩石的抗拉强度有直观的认识。

二、实验仪器、设备

（1）携带式岩土力学多功能实验仪。

（2）抗拉夹具和垫条。

（3）测量平台、卡尺、放大镜等。

（4）试样制备设备：钻芯机、岩石切割机、双面磨石机等。

（5）烘箱、干燥器。

（6）水槽、煮沸设备或真空抽气设备。

三、实验原理

劈裂法是在试样的直径（圆柱体试样）方向上，施加一线性荷载，使之沿试样直径方向发生压致拉裂破坏，然后根据弹性理论求岩石的抗拉强度。劈裂法适用于能制成规则试样的各类岩石。实验时，线性荷载是通过一个特制夹具或在试样上、下各加一根压条来实现的。

四、实验内容

（1）试样制备

（2）试样尺寸测量及描述

（3）试样烘干或饱水处理

（4）安装试样、加载

（5）计算岩石的抗拉强度

五、实验步骤

1. 试样制备

一般采用直径为 5 cm，高度为 5 cm 的圆柱体，以及边长为 5 cm 的立方体，每组试样需 3 块。试样制备精度要求同实验三。

2. 试样尺寸测量及描述

按实验一中量积法的要求,量测试样的直径、高度或边长,并划出加载中线。

试样描述内容:

(1) 岩石名称、颜色、矿物成分、结构、风化程度、胶结物性质等;

(2) 加载方向与岩石试样内层理、节理、裂隙的关系及试样加工中出现的问题;

(3) 含水状态及所使用的饱水方法。

3. 试样烘干或饱水处理

根据实验要求需对试样进行烘干或饱和处理。

烘干试样:在 105~110 ℃温度下烘干 24 h。

自由浸水法饱和试样:将试样放入水槽,先注水至试样高度的 1/4 处,以后每隔 2 h 分别注水至试样高度的 1/2 和 3/4 处,6 h 后全部浸没试样,试样在水中自由吸水 48 h。

煮沸法饱和试样:煮沸容器内的水面始终高于试样,煮沸时间不少于 6 h。

真空抽气法饱和试样:饱和容器内的水面始终高于试样,真空压力表读数宜为100 kPa,直至无气泡逸出为止,但总抽气时间不应少于 4 h。

4. 安装试样、加载

通过试样直径的两端,沿轴线方向划两条相互平行的加载基线,将 2 根垫条沿加载基线固定在试样两端。

将试样置于实验机承压板中心,调整球形座,使试样均匀受载,并使垫条与试样在同一加载轴线上。

以每秒 0.3~0.5 MPa 的加载速度加载,直至试样破坏,记录下破坏荷载,描述试样破坏后的形态。

5. 计算岩石的抗拉强度

对圆柱体试样:

$$\sigma_t = \frac{2P}{\pi Dl} \tag{12-11}$$

对立方体试样:

$$\sigma_t = \frac{2P}{\pi a^2} \tag{12-12}$$

式中　σ_t——岩石的抗拉强度,MPa;

　　　P——破坏荷载,N;

　　　D——试样直径,mm;

　　　l——试样高度,mm;

　　　a——立方体试件边长,mm。

计算值取 3 位有效数字。

六、实验报告要求

实验报告内容包括:专业班级、学生姓名、学号、实验项目名称、实验指导教师、实验日期、实验目的、实验原理、实验仪器与设备、实验步骤、实验记录(原始数据记录、数据处理及分析等)、实验结果与讨论、实验思考题的回答等。

本实验数据记录表格式如表 12-5 所示。

表 12-5　　　　　　　　　　　　抗拉强度实验(劈裂法)记录表

试样编号	试样尺寸/mm		破坏荷载 P/kN	抗拉强度/MPa	
	高 h	直径 D		单值	平均值

七、实验注意事项

(1) 试样上、下两根垫条应与试样中心面位于同一平面内,以免产生偏心荷载。

(2) 破坏面必须通过上、下两加载线,如果只产生局部破坏,须重新实验。

八、思考题

(1) 同一岩性的岩石分别用直接拉伸法和劈裂法进行实验,如果不考虑其他因素的影响,求得的抗拉强度是否相同? 为什么?

(2) 试比较直接拉伸法与劈裂法间的异同点。

实验六　岩石的抗剪强度实验

一、实验目的

本实验是岩石室内剪切实验,采用直剪法进行实验。通过本次实验,使学生学会直剪法测定岩石抗剪强度的实验方法,对岩石的抗剪强度有直观的认识。

二、实验仪器、设备

(1) 试样制备设备:钻芯机、岩石切割机、双面磨石机等。

(2) 携带式岩土力学多功能实验仪。

(3) 岩石剪切夹具一套。

(4) 卡尺:精度为 0.002 cm。

(5) 其他:放大镜、小刀等。

三、实验原理

直剪实验原理是根据库仑定律,岩石的内摩擦力与剪切面上的法向压力呈正比。将试样安装后,分别在不同的法向压力下,沿固定的剪切面直接施加水平剪力进行剪切,得其剪切破坏时的剪应力,即为抗剪强度 τ,然后,根据剪切定律确定岩石抗剪强度指标 φ 和 C。

四、实验内容

(1) 试样制备

(2) 试样描述及尺寸量测

(3) 安装试样

(4) 加载

(5) 破坏试样描述

(6) 重复实验

（7）成果整理

五、实验步骤

1. 试样制备

本实验采用边长为 5 cm 的立方体试样，试样加工精度要求：相邻面间应互相垂直，偏差不超过 0.25°；相对两面须互相平行，不平行度不得大于 0.005 cm。

2. 试样描述及尺寸量测

试样描述内容：

（1）岩石名称、颜色、矿物成分、结构、风化程度、胶结物性质等。

（2）加载方向与岩石试样内层理、节理、裂隙的关系及试样加工中出现的问题。

（3）含水状态及所使用的饱水方法。

描述后测量预定剪切面的边长，求出剪切面面积，并做好标记。根据实验要求对试样进行烘干或饱水处理。

3. 安装试样

将剪切夹具固定在实验机承压板间，应注意使夹具的中心与实验机的中心线相重合，然后调整夹具上的夹板螺丝，使刻度达到所要求的角度，将试样安装于夹具内。

4. 加载

开动直剪实验机，同时降下压力机横梁，使剪切夹具与压力机承压板接触，然后调整直剪机指针到零点，以每秒 0.5～0.8 MPa 的加载速度加载，直至试样破坏，记录破坏荷载（P）。

5. 破坏试样描述

升起压力机横梁，取出被剪破的试样进行描述，内容包括破坏面的形态及破坏情况等。

6. 重复实验

变换压力机的法向应力，每次增加 0.1 MPa，重复步骤（3）～（5）进行实验，取得不同法向应力下的破坏荷载。

7. 成果整理

（1）计算作用在剪切面上的剪应力和正应力：

$$\tau = \frac{T}{A} \tag{12-13}$$

$$\sigma = \frac{P}{A} \tag{12-14}$$

式中　τ——剪应力，MPa；

　　　σ——正应力，MPa；

　　　P——法向荷载，N；

　　　T——剪切破坏荷载，N；

　　　A——试样剪切面面积，mm^2。

（2）计算岩石的抗剪断强度参数：

$$\varphi = \arctan \frac{n \sum_{i=1}^{n} \sigma_i \tau_i - \sum_{i=1}^{n} \sigma_i \sum_{i=1}^{n} \tau_i}{n \sum_{i=1}^{n} \sigma_i^2 - \left[\sum_{i=1}^{n} \sigma_i\right]^2} \tag{12-15}$$

$$C = \cfrac{\displaystyle\sum_{i=1}^{n}\sigma_i^2 \sum_{i=1}^{n}\tau_i - \sum_{i=1}^{n}\sigma_i \sum_{i=1}^{n}\sigma_i\tau_i}{n\displaystyle\sum_{i=1}^{n}\sigma_i^2 - \left[\sum_{i=1}^{n}\sigma_i\right]^2} \tag{12-16}$$

式中　　φ——岩石内摩擦角,(°);

$\qquad C$——岩石的内聚力,MPa;

$\qquad \sigma$——第 i 块试样的破坏正应力,MPa;

$\qquad \tau$——第 i 块试样的破坏剪应力,MPa;

$\qquad n$——试样块数。

计算结果精确至小数点后一位。

（3）以剪应力 τ 为纵坐标,法向应力 σ 为横坐标,将每一试样的 σ,τ 标在坐标系中,以最佳方法拟合一直线（强度包络线）,并在图中求得岩石的内摩擦角 φ 和内聚力 C。

以上两种求内摩擦角 φ 和内聚力 C 的方法可任选一种,也可两种同时使用,以便比较。

六、实验报告要求

实验报告内容包括:专业班级、学生姓名、学号、实验项目名称、实验指导教师、实验日期、实验目的、实验原理、实验仪器与设备、实验步骤、实验记录（原始数据记录、数据处理及分析等）、实验结果与讨论、实验思考题的回答等。

本实验数据记录表格式如表 12-6 所示。

表 12-6　　　　　　　　　　　岩石抗剪强度实验数据记录表

试样编号	试样尺寸/mm		破坏荷载 T/kN	剪切强度/MPa	
	长度 h	宽度 D		单值	平均值

七、实验注意事项

（1）实验时夹具周围应用木板或其他板材护住实验机立柱,以避免试样突然破坏夹具滑出而打坏实验机。

（2）加载过程中必须随时观察试样的变化,防止荷载过大导致岩石弹出。

八、思考题

试比较直接剪切实验、变角板法、双面（单面）剪切及三轴剪切等实验方法间异同点。

第三篇
采矿工程专业开放实验

第十三章　数值分析实验

实验一　FLAC3D 数值分析实验

一、实验目的

掌握 FLAC3D 数值模拟的基本理论、实现方法与程序编制,几种简单的采矿工程问题分析的方法与步骤。

二、实验仪器、设备

FLAC3D 数值分析软件。

三、实验原理

1. FLAC3D 软件概况

FLAC 是拉格朗日连续介质法(Fast Lagrangian Analysis of Continua)的简称,拉格朗日连续介质法属于有限差分法,因此 FLAC3D 为有限差分软件。FLAC3D 软件是由 Itasca 公司研发推出的一款数值分析软件,其界面简单明了,特点鲜明,使用特征和计算特征别具一格,因此在岩土工程中应用广泛,并享有盛誉。

FLAC3D 是一个三维有限差分程序,它是二维有限差分程序 FLAC2D 的扩展,能够进行土质、岩石及其他材料的三维结构受力特性模拟和塑性流动分析。FLAC3D 可对分析的单元进行线性或非线性本构模型的定义,当材料发生屈服流动后,网格能够相应的发生变形和移动(大变形模式)。其采用了显示拉格朗日算法和混合—离散分区技术,能够非常准确地模拟材料的塑性破坏和流动。相对于人们熟知的 Ansys 有限元程序,它不需要形成刚度矩阵,因此大大缩小其对内存空间的需求,能轻易地求解大范围的三维问题。

2. FLAC3D 的应用范围

尽管最早开发 FLAC3D 软件是运用于岩土工程和采矿工程的力学分析,但由于该软件具有强大的解决复杂力学问题的功能,FLAC3D 的应用范围已经拓展到土木建筑、地质、交通、水利等工程领域,成为这些专业领域进行工程分析和设计不可缺少的工具。其研究的范围主要有:

(1)土体的渐近破坏和崩塌现象的研究。

(2)岩体中断层结构的影响和加固系统的模拟研究。

(3)岩、土体材料固结过程的模拟研究。

(4)岩、土体材料流变现象的研究。

(5)高放射性废料的地下储存效果的研究分析。

(6)岩、土体材料的变形局部化剪切带的演化模拟研究。

(7) 岩、土体的动力稳定性分析、土与结构的相互作用分析及液化现象的研究等。

3. FLAC3D 的求解流程

采用 FLAC3D 进行数值模拟时,有三个基本部分必须指定:有限差分网格、本构关系和材料特征、边界和初始条件。

网格是用来定义分析模型的几何形状;本构关系和与之对应的材料特性用来表征模型在外力作用下的力学响应特性(如由于开挖引起的变形)形式;边界条件和初始条件确定了模型的初始状态(没有引起扰动或变形的状态)。

在处理完这些条件后,便可通过运行软件求解得模型的初始状态;接着在初始状态的基础上进行开挖等其他模拟条件的加载,进而解得模型在模拟条件变化后作出的响应。

4. FLAC3D 的求解原理

(1) 导数的有限差分近似

FLAC3D 采用的是混合离散法,因此其计算都是在四面体上进行的。现以一个四面体说明计算时导数的有限差分近似过程。设四面体的节点编号为 1~4 号,第 n 面表示与节点 n 相对的面,假设其内任意点的速率分量为 v_i,则由高斯公式可得:

$$\int_V v_{i,j} \mathrm{d}V = \int_S v_i n_j \mathrm{d}S \tag{13-1}$$

式中　V——四面体的体积;

　　　S——四面体的外表面;

　　　n_j——外表面单位法向向量分量。

对于常应变单元,v_i 为线性分布,n_j 在每个面上为常量,可得:

$$v_{i,j} = -\frac{1}{3V} \sum_{i=1}^{4} v_i^l n_j^{(l)} S^{(l)} \tag{13-2}$$

式中　l——节点 l 的变量;

　　　(l)——面 l 的变量。

(2) 运动方程

FLAC3D 软件中,体系中力和质量都集中在四面体的节点上,以节点作为计算对象,然后通过运动方程在时域内进行求解。节点的运动方程可表示为:

$$\frac{\partial v_i^l}{\partial t} = \frac{F_i^l(t)}{m^l} \tag{13-3}$$

式中　$F_i^l(t)$——t 时刻 l 节点在 i 方向的不平衡力分量,可以通过虚功原理推导出;

　　　m^l——i 节点的集中质量,在分析静态问题时,采用虚拟质量以保证数值稳定,在分析动态问题时采用实际的集中质量。

将式(13-3)左端用中心差分来近似,则可得到:

$$v_t^l\left(t+\frac{\Delta t}{2}\right) = v_i^l\left(t-\frac{\Delta t}{2}\right) + \frac{F_i^l(t)}{m^l}\Delta t \tag{13-4}$$

(3) 应变、应力及节点不平衡力

FLAC3D 由速率来求某一时步的单元应变增量,如式(13-5):

$$\Delta e_{ij} = \frac{1}{2}(v_{i,j} + v_{j,i})\Delta t \tag{13-5}$$

再结合本构方程求出应力增量,然后将各时步的应力增量进行叠加,即可得到总应力。

在大变形的情况下,尚需根据本时步单元的转角对本时步前的总应力进行旋转修正。随后即可由虚功原理求出下一个时步的节点不平衡力,进入下一步的计算。

（4）阻尼力

对于静态问题,FLAC3D 在不平衡力中加入了非黏性阻尼,以使系统的振动逐渐衰减直至达到平衡状态（不平衡力趋向于零）。此时式(13-3)则变为：

$$\frac{\partial v_i^l}{\partial t} = \frac{F_i^l(t) + f_i^l(t)}{m^l} \tag{13-6}$$

阻尼力 $f_i^l(t)$ 为：

$$f_i^l(t) = -\alpha \left| F_i^l(t) \right| \text{sign}(v_i^l) \tag{13-7}$$

式中,α 为阻尼系数（默认为 0.8）,而：

$$\begin{cases} \text{sign}(y) = 1 & y > 0 \\ \text{sign}(y) = -1 & y < 0 \\ \text{sign}(y) = 0 & y = 0 \end{cases} \tag{13-8}$$

（5）计算循环

由以上步骤可以看出 FLAC3D 的计算循环,将其用图形表示出来如图 13-1 所示。

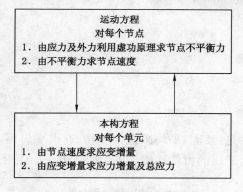

图 13-1　FLAC3D 计算循环图

四、实验步骤

1. FLAC3D 数值分析技巧与步骤

在进行岩土力学分析时,遇到的地质条件是相当复杂的,怎样从繁多的条件中找出需要的数据进行简化,并且与数值模拟软件相结合分析各种现象是进行数值分析的难点。因此,在进行数值分析时需要掌握一定的技巧与步骤：

（1）明确数值模拟的目的；

（2）建立并运行简单的理想化模型；

（3）根据模拟目的搜集具体问题的数据；

（4）加载数据后运行详细的模型；

（5）在详细模型中设置监测点并解释所分析的问题。

2. FLAC 3D 程序的编写步骤

（1）Config _____

（2）Grid _____

（3）Model _____

（4）求起始的应力平衡_____

① 建立 x,y 坐标与网格的关系，建议使用 Gen 指示：

$$\text{Gen } x_1,y_1 \ x_2,y_2,x_3,y_3 \ x_4,y_4 \ i=i_0,i_1 \ j=j_0,j_1$$

② 设定材料性质：prop

③ 设定外力：Set Grav，Apply Pressure，ini sxx，syy

④ 设定边界条件：fix，free

⑤ 求起始的应力平衡：solve

⑥ 储存：save

（5）求工程的影响_____

求出区域内的应力分布情况后，再依工程的流程及步骤阶段执行各工程进行过程的影响，建议使用以下步骤：

① 调出起初的应力平衡：re_____．sav

② 设定新的材料性质：model，prop

③ 设定新的支撑性质：struct

④ 设定新的外力

⑤ 设定边界条件

⑥ 求工程的应力平衡

⑦ 储存

3．数值分析实例

（1）模型的建立

本次模拟的地质条件是：某矿，平均采深 300 m，近水平岩层，开采厚度 5 m，底板厚度 25 m，松散层厚度 200 m，岩层的力学性质见表 13-1。其 FLAC3D 模型如图 13-2 所示。

表 13-1 岩层的力学性质参数

岩层	弹性模量/MPa	泊松比	黏聚力/MPa	内摩擦角/(°)	抗拉强度/MPa	密度/(kg/m³)
表土层	1	0.4	0.01	20	0	1 800
泥岩砂岩互层	530	0.4	1.50	33	1.0	2 600
中粒粉砂岩互层	1 190	0.26	6.25	33	2.6	2 640
基本顶	1 250	0.22	8.56	37	3.0	2 500
直接顶	120	0.35	1.5	32	1.0	2 400
煤层	100	0.42	1.0	25	0.1	1 400
底板	1 250	0.2	24.6	38	3.0	2 600

由于在 FLAC3D 中，使用的岩体参数是体积模量 K 和剪切模量 G，所以需要把弹性模量 E 和泊松比 μ 转化成体积模量 K 和剪切模量 G，它们的转化公式为：$K=E/3(1-2\mu)$；$G=E/2(1+\mu)$。

（2）本构模型的选取

在进行模拟时，采用莫尔—库仑（Mohr-Coulomb）强度准则来判断矿体与顶底板的破

图 13-2　FLAC3D 模型图

坏机理。

（3）边界条件的确立

模型的上覆岩层视为连续介质，在分析过程中不考虑构造应力对原岩应力的影响，仅考虑岩体自重引起的应力，即模型处于静应力状态。其边界条件如下：

① 模型的两侧和前后限制水平方向的位移，即：$u=0$；

② 模型的底部限制水平和竖直方向的位移，即：$u=0,v=0$；

③ 模型顶部设为自由边界。

（4）确定监测点位置

在模型的走向主断面上设置监测点，点间距离根据表 13-2 进行选择。

表 13-2　　　　　　　　　　　　　　测点密度

开采深度/m	点间距离/m	开采深度/m	点间距离/m
<50	5	200~300	20
50~100	10	>300	25
100~200	15		

本模拟的地质条件的采深为 300 m，选取的点间距为 20 m，所以在地表移动盆地主断面上每 20 m 设置一个测点，记录其移动值，并对其由左到右依次编号。

（5）模拟结果及分析

把模型中监测到的走向方向上各点的下沉、倾斜、曲率、水平移动、水平变形值以图表的形式给出，如图 13-3 至图 13-7 所示。

从下沉等值线图中可以看出，在此模拟的条件下还未达到充分采动，下沉曲线呈倒置的抛物线形，16 号监测点位于抛物线的顶点处，在此处 $i(x)$、$U(x)$ 为零，$K(x)$ 出现一个极大值，$\varepsilon(x)$ 也出现一个反方向的极大值。而在实际中对地表建筑物或构筑物危害最大的往往是 $i(x)$、$K(x)$、$\varepsilon(x)$ 这三个值的大小。根据《"三下"规程》中对建筑物临界变形值的要求：$i \leqslant 3$ mm/m，$K \leqslant 0.2 \times 10^{-3}$ /m，$\varepsilon \leqslant 2$ mm/m，从图中可以看出在这种开采条件下，倾斜值在拐点附近是超限的，而曲率值均处于正常值，水平移动值在盆地中心区是超限的。因此在矿

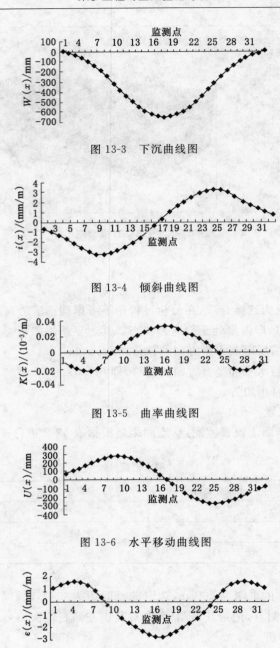

图 13-3　下沉曲线图

图 13-4　倾斜曲线图

图 13-5　曲率曲线图

图 13-6　水平移动曲线图

图 13-7　水平变形曲线图

体开采之前,应根据地表建筑物的具体情况采取建筑物加固或者改变采矿方法使地表受到的破坏最小化。

　　五、实验报告要求

　　实验报告应写明实验目的、实验原理、实验步骤,具体实例分析时,应写出模型建立的背景、主要参数的选取、建立的模型图、数值模拟结果分析等。

实验二　RFPA 数值分析实验

一、实验目的

（1）通过对 RFPA 学习，掌握 RFPA 基本使用方法。

（2）了解 RFPA 模拟实验的条件和 RFPA 的基本功能。

二、实验仪器、设备

RFPA 数值分析软件。

三、实验原理

1. RFPA 数值分析软件概况

RFPA 是真实破裂过程分析（Realistic Failure Process Analysis）的简称，RFPA 软件是基于 RFPA 方法（即真实破裂过程分析方法）研发的一个能够模拟材料渐进破坏的数值实验工具。其计算方法基于有限元理论和统计损伤理论，该方法考虑了材料性质的非均性、缺陷分布的随机性，并把这种材料性质的统计分布假设结合到数值计算方法（有限元法）中，对满足给定强度准则的单元进行破坏处理，从而使得非均匀性材料破坏过程的数值模拟得以实现。因 RFPA 软件独特的计算分析方法，使其能解决岩土工程中多数模拟软件无法解决的问题。

2. RFPA 软件基本原理

（1）基于弹性损伤理论

RFPA 是一个以弹性力学为应力分析工具、以弹性损伤理论及带拉伸的 Morh-Coulomb 破坏准则为介质变形和破坏分析模块的真实破裂过程分析系统。其基本思路是：材料介质模型离散化成由细观基元组成的数值模型，材料介质在细观上是各向同性的弹—脆性或脆—塑性介质；假定离散化后的细观基元的力学性质服从某种统计分布规律（如 Weibull 分布），由此建立细观与宏观介质力学性能的联系；按弹性力学中的基元线弹性应力、应变求解方法，分析模型的应力、应变状态，RFPA 利用线弹性有限元方法作为应力求解器；引入适当的基元破坏准则（相变准则）和损伤规律，基元的相变临界点依据修正的 Coulomb 准则；基元的力学性质随演化的发展是不可逆的；基元相变前后均为线弹性体；材料介质的裂纹扩展是一个准静态过程，忽略因快速扩展引起的惯性力的影响。

（2）网格划分

RFPA 选取等面积四节点的四边形单元剖分计算对象。为了使问题的解答足够精确，RFPA 方法要求模型中的单元足够小（相对于宏观介质），以能足够精确地反映介质的非均匀性。但它又必须足够大（包含一定数量的矿物和胶结物颗粒，以及微裂隙、孔洞等细小缺陷），因为作为子系统的单元实际上仍是一个自由度很大的系统，它具有远大于微观尺度的细观尺度。这一要求正是为了保证使剖分后的单元性质尽量接近基元性质。尽管这样会增加计算量，但是问题的处理变得简单，而且随着计算机技术的高速发展，计算机瓶颈的影响将会逐渐消除。

由于模型中的基元数量足够多，宏观的力学行为，本质上是介质大量基元力学行为的集体效应。但是每个基元的个体行为对宏观性能的影响却是有限的。正如夏蒙梦（1995）所指出的：“对单个个体的力学性能作详尽无遗的描述不仅不可能，而且也不必要，只需给出一个详略得当的描述即可”。RFPA 系统正是基于这种原则对基元的力学行为进行描述的。

（3）基元赋值

RFPA 方法中假定离散化后的细观基元的力学性质服从某种统计分布规律（如 Weibull 分布），由此建立细观与宏观介质力学性能的联系。如引入 Weibull 统计分布函数来描述，即：

$$\varphi(\alpha) = \frac{m}{\alpha_0} \cdot \left(\frac{\alpha}{\alpha_0}\right)^{m-1} \cdot e^{-\left(\frac{\alpha}{\alpha_0}\right)^m} \tag{13-9}$$

式中　α——材料（岩石）介质基元体力学性质参数（弹性模量、强度、泊松比、自重等）；

　　　α_0——基元体力学性质参数的平均值；

　　　m——分布函数的性质参数，其物理意义反映了材料（岩石）介质的均匀性，定义为材料（岩石）介质的均匀性系数，反映材料的均匀程度；

　　　$\varphi(\alpha)$——材料（岩石）基元体力学性质 α 的统计分布密度。

式(13-9)反映了某种材料（岩石）细观力学性质非均匀性分布情况。随着均质度系数 m 的增加，基元体力学性质集中于一个狭窄的范围之内，表明材料（岩石）介质的性质较均匀；而当均匀性系数 m 值减小时，则基元体的力学性质分布范围变宽，表明介质的性质趋于非均匀。图 13-8 给出了不同均匀性系数材料（岩石）介质的弹性模量或强度的分布图（α 代表弹性模量或强度等力学性质参数）。

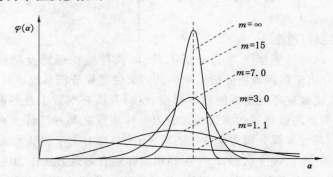

图 13-8　具有不同均匀性系数材料基元体力学性质分布形式

以弹性模量为例介绍 RFPA 中模型基元体力学性质参数的赋值：设模型中所有基元的弹性模量平均值为 E_0，$\varphi(E)$ 代表具有某弹性模量 E 基元的分布值，基于式(13-9)弹性模量 Weibull 分布函数的积分为：

$$\varphi(E) = \int_0^e \varphi(x)\mathrm{d}x = \int_0^e \left(\frac{m}{\alpha_0} \cdot \left(\frac{\alpha}{\alpha_0}\right)^{m-1} \cdot e^{-\left(\frac{\alpha}{\alpha_0}\right)^m}\right)\mathrm{d}x = 1 - e^{-\left(\frac{E}{E_0}\right)^m} \tag{13-10}$$

式中　$\varphi(E)$——具有弹性模量 E 的基元的统计数量。

由式(13-10)统计分布构成的基元组成一个样本空间，在均值 E_0 不变的情况下，由于 m 值的差别，积分空间分布不一样。这些基元构成的材料介质的细观平均性质可能大体一致（E_0 相同），但是由于细观结构的无序性，使得基元的空间排列方式有显著的不同。这种细观上的无序性正好体现了岩石类介质独特的离散性特征。

图 13-9 是三种不同均质度介质 RFPA 的随机赋值的弹性模量的分布形式。图中基元

的灰度代表了弹性模量值的大小,灰度越高,弹性模量值越高,反之,则越低。均质度系数越低,图 13-9(a)中的基元弹性模量值相差很大,表现出很强的离散性;均质度系数越高,图13-9(c)中基元之间弹性模量值差别小,整体上灰度趋于一致。图 13-9 亦反映了某种介质弹性模量非均匀性分布情况。其中,横坐标表示弹性模量单位,纵坐标表示分布所占的单元数。随着均匀性系数 m 的增加,基元体的弹性模量将集中于一个狭窄的范围之内,表明弹性模量分布较集中;而当均匀性系数 m 值减小时,则基元体的弹性模量分布范围变宽,表明弹性模量分布趋于均匀。

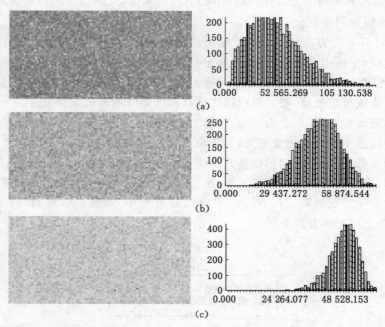

图 13-9 不同均质度介质弹性模量空间分布形式与对应的分布图

(a) $m=2$;(b) $m=5$;(c) $m=10$

(4) 应力计算

在 RFPA 系统中,整个分析对象被离散成若干具有不同物理力学性质的基元,为了求解各个基元的应力、应变状态,各基元之间需要满足力的平衡、变形协调和一定的应力、应变关系(物理方程)。在众多有关应力、应变的数值计算方法中,有限元是最理想的一种数值计算方法之一。它是将一个连续的介质离散成由诸多有限大小的单元组成的结构物体,然后通过力的平衡方程、几何方程、物理方程求解各个离散体的力学状态。因此,在 RFPA 系统中利用有限元作为应力分析求解器。当然也可以选用其他的数值计算方法作为应力分析求解器。应力分析求解器相当于一个应力计算器,它完成外载荷作用下对象内部各基元的应力、应变状态的计算工作。

(5) 相变分析

在 RFPA 系统中,通过应力求解器完成各个基元的应力、应变计算后,程序便转入相变分析。相变分析是根据相变准则来检查各个基元是否有相变,并依据相变的类型对相变基元采用刚度特性弱化(如裂缝或分离)或刚度重建(如压密或接触)的办法进行处理。最后形成新的、用于迭代计算的整体介质各基元的物理力学参数。

在 RFPA 系统中,应力计算和相变分析相互独立,应力求解器仅完成应力、应变计算,不参与相变分析。

四、实验步骤

1. RFPA 程序工作流程

RFPA 程序工作流程主要由以下三部分完成:

(1)实体建模和网格划分。用户选择基元类型(实体、支护或空洞),定义介质的力学性质,进行实体建模和网格剖分。

(2)应力计算。应力、应变分析,依据用户输入的边界条件和加载控制参数,以及输入的基元性质数据,形成刚度矩阵,求解并输出有限元计算结果(应力、节点位移)。

(3)基元相变分析。根据相变准则对应力求解器产生的结果进行相变判断,然后对相变基元进行弱化或重建处理,最后形成迭代计算刚度矩阵所需的数据文件。

整个工作流程见图 13-10。对于每个给定的位移增量,首先进行应力计算,然后根据相变准则来检查模型中是否有相变基元,如果没有,继续加载增加一个位移分量,进行下一步应力计算。如果有相变基元,则根据基元的应力状态进行刚度弱化处理,然后重新进行当前步的应力计算,直至没有新的相变基元出现。重复上面的过程,直至达到所施加的载荷、变形或整个介质产生宏观破裂。在 RFPA 系统执行过程中,对每一步应力、应变计算采用全量加载,计算步之间是相互独立的。

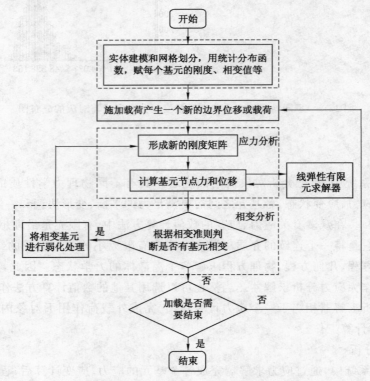

图 13-10　RFPA 程序流程图

2. RFPA 软件操作流程

（1）启动 RFPA

【开始】→【程序】→【RFPA-Basic】，如图 13-11 所示。

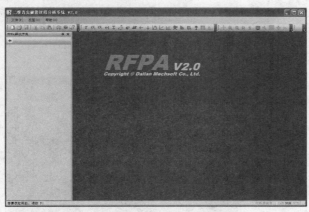

图 13-11 RFPA 启动图

（2）新建工程

【文件】→【新建】或者点击工具栏按钮，如图 13-12 所示。

图 13-12 新建分析项目

在这里可以选择用户所要创建工程的类型，这里选择 2D 静力学分析，点击【应用】按钮，进入图 13-13 所示对话框，确认用户是否确定要建立（图 13-12）设置的工程，如果用户在图 13-12 中设置有误，可以点【否（N）】回到图 13-12 重新进行设置。

这里点【是（Y）】进入工程主界面，如图 13-14 所示。

（3）建立网格

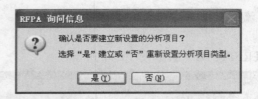

图 13-13　询问信息对话框

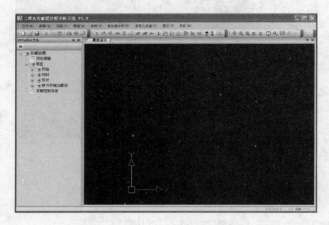

图 13-14　工程主界面

　　创建网格是建模必不可少的关键步，点击左侧树状菜单中的【网格】→【结构化生成网格】，弹出图 13-15 所示对话框，在这里设置创建网格的数量，以及所创建模型的材质以及对应的材料属性。点击【确定】完成，网格创建完毕，如图 13-16 所示。

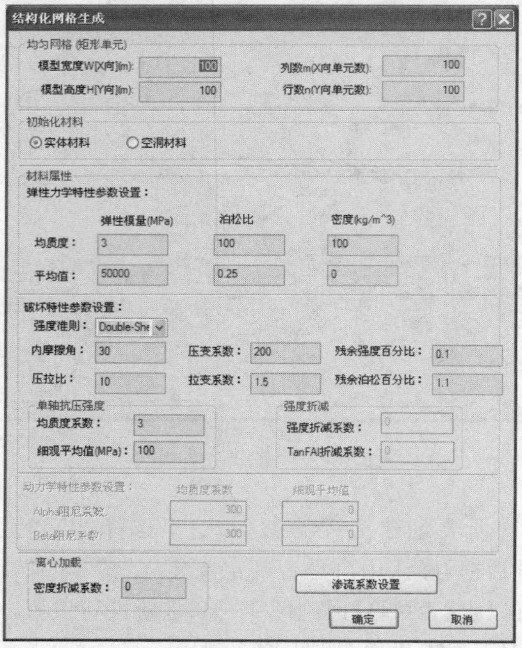

图 13-15　结构化网格生成对话框

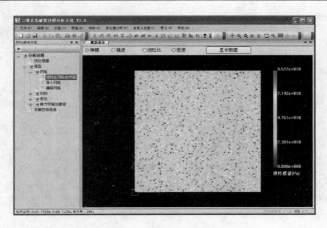

图 13-16　网格创建完成图

（4）创建材料

点击树状菜单中的【材料】→【创建材料】，弹出如图 13-17 所示对话框，材料类型选择空洞，材料名称：CAVITY_001。点击【创建新材料】，材料 CAVITY_001 被添加到材料列表中，如图 13-18 所示。

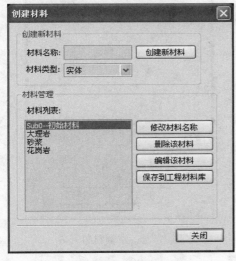

图 13-17　创建材料

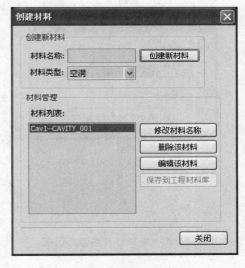

图 13-18　创建新材料

（5）创建模型

在模型中心挖一个圆形孔洞，点击树状菜单【形状】→【圆】，按鼠标左键，在模型中拖拽鼠标，如图 13-19 所示。

确定圆的大小后，再次按鼠标左键，圆绘制完成，鼠标选中已经绘制好的圆，点击右键，选择【填充材料】，在弹出的【选择材料类型】对话框（图 13-20）中选择空洞（图 13-21），按【确定】按钮，材料填充完成，如图 13-22 所示。

到此，模型创建完成，下面就是施加载荷。

（6）施加载荷

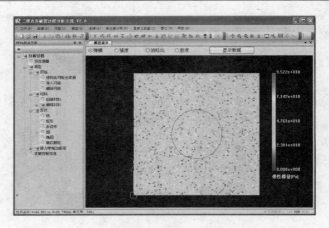

图 13-19　创建模型

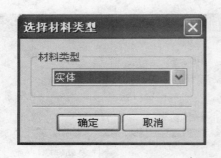

图 13-20　选择材料类型对话框

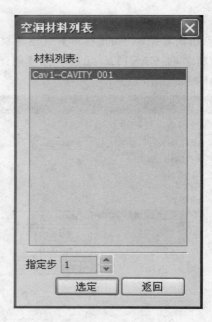

图 13-21　空洞材料列表

在树状菜单中点击【边界载荷】→【标准加载】，此时弹出图 13-23 所示对话框，在此选择默认，然后点【确定】。

此时，载荷加载完成，如图 13-24 所示。

（7）计算

计算已经加载后的模型，在计算之前首先设置求解控制信息，点树状菜单中的【求解控制信息】弹出如图 13-25 所示的对话框。在此设置计算 10 步。

确定之后，点菜单【求解】→【连续运行】，计算结果如图 13-26 所示。

五、实验报告要求

实验报告应写明实验目的、实验原理、实验步骤，具体实例分析时，应写出模型建立的背景、主要参数的选取、建立的模型图、数值模拟结果分析等。

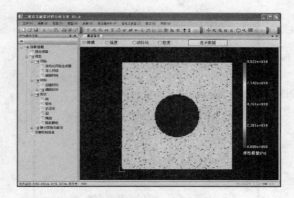

图 13-22　材料填充效果图

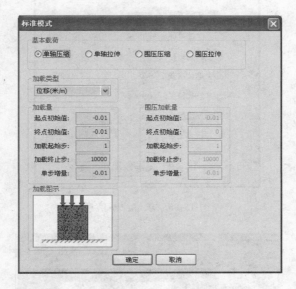

图 13-23　标准模式对话框

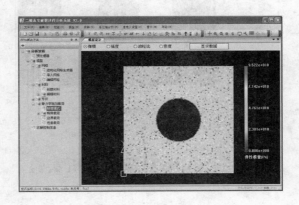

图 13-24　载荷加载完成

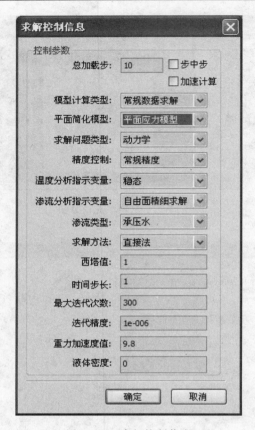

图 13-25 求解控制信息

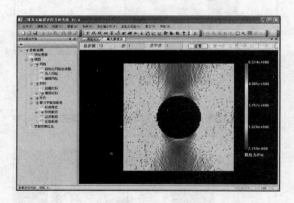

图 13-26 计算结果图

实验三　UDEC 数值分析实验

一、实验目的

掌握 UDEC 数值模拟的基本理论、实现方法与程序编制,几种简单的采矿工程问题分析的方法与步骤。

二、实验仪器、设备

UDEC 数值分析软件。

三、实验原理

UDEC 是 Universal Distinct Element Code 的缩写,即通用离散单元法程序,顾名思义,UDEC 是一款基于离散单元法理论的计算分析程序。

UDEC 程序对于物理介质的力学描述手段可以通俗说明为:

(1) 宏观物理介质绝非理论意义上的连续体(如,岩体＝岩块＋结构面),UDEC 以朴素的思想遵循这一自然规律,将其视为连续性特征(如岩块)和非连续特征(如结构面)两个基本元素的集合统一体,并以成熟力学定律分别定义这些基本元素的受力变形行为。

(2) UDEC 采用凸多边形来描述介质中连续性对象元素(如岩块)的空间形态,并通过若干凸多边形组合表达现实存在的凹形连续性对象,此外,非连续性特征(如结构面)则以折线段加以表征。

(3) 表征连续性特征对象的凸多边形可以服从可变形或刚性受力变形定律,如为可变形体,则采用与 FLAC/FLAC3D 完全一致的快速拉格朗日方案进行求解,如"网格群模型"。连续性特征对象之间通过边界(非连续特征)实现相互作用,描述边界的折线段受力变形可遵从多种荷载—变形力学定律(即接触定律),力学定律可以模拟凸多边形之间在公共边界处相互滑动或脱开行为。

(4) 在某些极端情形下,如理想地将物理介质看待为完全连续体,此时 UDEC 程序可蜕化为 FLAC/FLAC3D 等连续力学描述手段,只描述连续性对象即可。

尽管连续力学方法中也可以处理一些非连续特征,比如有限元中的节理单元和 FLAC 中的 Interface(界面),但包含了节理单元和界面单元的这些连续介质力学方法与 UDEC 存在质的差别,这种本质差别主要体现在:

(1) UDEC 方法为具有复杂接触力学行为的运动机制描述和分析精度提供基本技术保障。介质体内的接触行为主要取决于连续性对象(块体)的运动状态,现实中的块体运动状态可以非常复杂,以冲击碰撞问题为例,复杂运动状态(反复接触、脱开)时刻调整块体间相对位置,并致使块体边界接触方式可以多样化,如平面离散元中边界的接触方式有边—边接触、边—点接触或点—点接触,接触方法的不同决定了块体边界上受力状态和传递方式的差别,UDEC 方法在计算过程中不断判断和更新块体接触状态,并根据这些接触状态判断块体之间的荷载传递方式、为接触选择对应力学定律,有效避免计算结果失真。

(2) 复杂模型内部的接触非常多,如果按传统的连续介质力学接触搜索方法在计算过程中先接触关系和进行相应的力学计算确定接触荷载状态,然后再把这种荷载作为块体的边界条件进行块体的连续力学计算,整过计算过程可能会非常冗长而缺乏现实可行性,为此,Peter Cundall 基于数学网格和拓扑理论为 UDEC 程序设计了接触搜索和接触方式状态判别优化方法,考虑了不同类型问题的求解需要,极大程度地提高了计算效率和稳定性。

四、实验步骤

采矿工程建模过程涉及特定的考虑和不同于上述提到的构造物体的设计理念。对于在岩土内或其中的建筑和巷道的分析和设计必须用小到微小具体位置的数据,并注意变形和强度特性可能的相当变化。在一个岩石或土地位置取得完全的现场数据是不可能的。例如,有关应力、岩性和不连续性的信息最多仅能部分了解。

由于有关设计必需的输入数据是有限的,那么地质力学数学模型应主要用来理解影响整个系统行为的主导机理过程。一旦系统行为被理解,那么就可以具体(特定)为设计过程开发出简单的预测方案。

当程序提供适当的数据,利用 UDEC 分析得出的结论是准确的。建模者应承认有一个连续的位置范围,如图 13-27 所示。UDEC 可以用在一种完全可预测的方式中(如图 13-27 右侧部分)或作为一个"数值实验室"来验证观点(如图 13-27 左侧部分)。决定使用类型是场地情况(和预算)而不是程序。如果有充足的高质量数据可找到,UDEC 可给出良好的预测。

典型情况	复杂地质; 无法得到的; 在某地点的花费;	← →	简单地质; 无试验预算 调查
数据	无		完整的
方法	机理调查	通过参数研究 分析支撑领域行为 ← →	预言性的 (直接用于设计)

图 13-27　建模位置范围

既然多数 UDEC 应用适合于仅有较小数据可找到的情况,本节讨论这种推荐方法用来处理数学模型。这种模型从未被认为是一个"黑盒子",即一端接受输入的数据而另一端作出预测结果。数值"样品"必须仔细准备,多个模型被测试以获得对这个问题的构想。表 13-3 列出推荐的步骤,以便成功地进行数值实验。每一步将分别讨论。

表 13-3　　　　　　　　　　　在地质力学中有关数值分析的推荐步骤

步骤 1	定义模型分析目标
步骤 2	创建该物理系统的概念图
步骤 3	建立和运行简单的理想化模型
步骤 4	收集具体问题的数据
步骤 5	准备一系列详尽的模型的运转
步骤 6	进行模型计算
步骤 7	提出解释结果

步骤 1:定义模型分析目标

包含模型中的细节水平经常依赖于分析的目的。例如,如果这个目标是在两个相互冲突的用来解释一个系统行为的机理之间来确定,那么一个原始模型可以被建立,若是它使那个机理出现。在模型中复杂性使人发生兴趣仅因为它存在真实性。然而,如果这些复杂特征可能对模型的反应有很少影响,或者这些复杂特征与模型的目的无关,它们应被忽略。若必要,应从整体上考察并加以改善。

步骤 2:创建该物理系统的概念图

在负荷条件下,有一个问题的概念图提供预期行为的最终估计很重要。当准备该图时,有几个问题被问到。例如,是否预期到这个系统可能变得不稳定?占优势的力学反应是线性还是非线性?是否有定义明确的可能影响系统行为的非连续体,或者介质行为是否作为连续体运行?有无来自地下水的影响?系统是否被物理结构限定,或者该体系边界是否延伸到无限?在系统物理结构上是否几何对称?

这些考虑指定了用于分析的数值模型总特征,例如网格设计、介质模型、边界条件和初始平衡状态等。它们将决定三维模型是否是必需的,或是否二维模型在物理系统中能够被用来利用几何条件。

步骤3:建立和运行简单的理想化模型

当为数值模型分析使物理系统理想化时,在建立详尽模型前首先建立和运行简单的实验模型是更为高效的。简单模型在一个工程的最可能早的阶段被创建起来,以便产生数据和理解。这些结果可对该系统概念图有更深入的洞察力;在简单模型运行之后,步骤2须重复。

在任何重要的努力投入分析之前,简单模型显示可被补救的缺点。例如,选择的介质模型能充分代表所期望的运行行为吗?边界条件影响模型的反应吗?通过确认对分析有重要影响的参数,从简单模型的结果也可有助于指导数据收集的计划。

步骤4:收集具体问题的数据

对于一个模型分析所需的数据类型包括:

几何细节(例如,井下巷道轮廓,表面地形学,堤坝轮廓,岩石/土壤结构);

地质构造位置(例如,断层,地层层面,节理组);

介质行为(例如,弹/塑性特性,支柱失效行为);

初始条件(例如,内在应力状态,孔压力,饱和状态);

外部加载(例如,爆破加载,增压洞穴)。

既然通常有大量不确定因素与特定条件情况有关(特别是应力状态、变形和强度特性),必须为研究确定合理参数范围。简单模型运行结果经常可以证明在确定参数范围和为实验室设计以及现场实验收集必须数据中是有帮助的。

步骤5:准备一系列详尽的模型的运转

最常见的是,数值分析将涉及一系列计算机模拟,它包括所研究的不同机理和跨越来自数据采集点的参数范围。在准备一套模型运算时,一些方面应被考虑,如下面所列。

运行每个模型计算所需时间,如果模型运行次数过多,可能很难获得充分信息得出有用结论。考虑应在多重计算机上运行参数变量来缩短总的计算时间。

模型运行状态应在几个中间阶段保存以便整个运行不必为每个参数改变而重复。例如,如果分析涉及一些加载/卸载阶段,用户应能返回任何阶段,改变参数并从那个阶段继续进行分析。应考虑给定保存文件所需磁盘空间的数量。

在模型中为模型结果提供清楚的解释和物理数据比较有充分数量的监控点吗?在模型中定位几个点是有帮助的,该模型参数(例如位移、速度和应力)变化的记录在计算期间可被监控。模型中最大不平衡力也总是在每个分析阶段监控检查平衡或塑流状态。

步骤6:进行模型计算

在进行一系列的运算前,最好是首先使一个或两个详细模型分别运算。这些运转应不时停下并监测以确保响应是所预期的。一旦确信模型正在准确运行,几个模型数据文件就可以连在一起进行连续计算。在连续运转期间的任何时候,应可以解释计算,显示结果。然后,继续运行或者适当修改模型。

步骤 7:提出解释结果

解决问题的最后阶段对该分析的一个清晰解释是结果的提出。这最好是以图形形式显示结果来完成,或者直接显示在计算机屏幕上,或者通过绘图设备输出结果。图形结果以一定的格式显示以使直接与现场观测结果比较。平面图应清楚地确定分析所关注的区域,例如模型中计算应力集中区或运动稳定与不稳定对比区。为了更详细的说明,模型中任何变量的数值应更容易被模型建造者找到。

五、实验报告要求

实验报告应写明实验目的、实验原理、实验步骤,具体实例分析时,应写出模型建立的背景、主要参数的选取、建立的模型图、数值模拟结果分析等。

第十四章　边坡稳定性分析实验

一、实验目的

了解边坡变形破坏的机理(包括应力分布及变形破坏特征)与稳定性,掌握边坡稳定性分析方法,提出边坡工程的设计与加固实验方案。

二、实验仪器、设备

基桩应变检测仪、基桩超声波检测系统、锚杆(索)无损检测仪、数值分析软件等。

三、实验原理

随着人类工程活动向更深层次发展,在经济建设过程中,遇到了大量的边坡工程,且规模越来越大,其重要程度也越高,有时会影响人类工程活动;并且人们更注重由于边坡失稳造成的地质灾害,故边坡稳定性研究一直是重中之重。边坡稳定性分析与评价的目的,一是对与工程有关的天然边坡稳定性作出定性和定量评价;二是要为合理地设计人工边坡和边坡变形破坏的防治措施提供依据。边坡稳定性分析评价的方法主要有:地质分析法(历史成因分析法)、力学计算法、工程地质类比法、过程机制分析法、理论体边坡已有的变形迹象,阐明其形成演变机制。分析中要特别注意变形模式的转化标志,它往往是失稳的前兆。边坡稳定性分析方法很多,简要归纳如下。

1. 边坡稳定性分析方法

(1) 定性分析方法

主要是分析影响边坡稳定性的主要因素、失稳的力学机制、变形破坏的可能方式及工程的综合功能等,对边坡的成因及演化历史进行分析,以此评价边坡稳定状况及其可能发展趋势。该方法的优点是综合考虑影响边坡稳定性的因素,快速地对边坡的稳定性作出评价和预测。常用的方法有:

① 地质分析法(历史成因分析法)

根据边坡的地形地貌形态、地质条件和边坡变形破坏的基本规律,追溯边坡演变的全过程,预测边坡稳定性发展的总趋势及其破坏方式,从而对边坡的稳定性作出评价,对已发生过滑坡的边坡则判断其能否复活或转化。

② 工程地质类比法

其实质是把已有的自然边坡或人工边坡的研究设计经验应用到条件相似的新边坡的研究和人工边坡的研究设计中去。需要对已有边坡进行详细的调查研究,全面分析工程地质因素的相似性和差异性,分析影响边坡变形发展的主导因素的相似性和差异性,同时,还应考虑工程的类别、等级及其对边坡的特定要求等。它虽然是一种经验方法,但在边坡设计中,特别是在中小型工程的设计中是很通用的方法。

③ 图解法

图解法可以分为两类：

a. 用一定的关系曲线和偌谟图来表征边坡有关参数之间的定量关系，由此求出边坡稳定性系数，或已知稳定系数及其他参数（φ、C、γ、结构面倾角、坡角、坡高）仅一个未知的情况下，求出稳定坡角或极限坡高。这是力学计算的简化。

b. 利用图解求边坡变形破坏的边界条件，分析软弱结构面的组合关系，分析滑体的形态、滑动方向，评价边坡的稳定程度，为力学计算创造条件。常用的为赤平极射投影分析法和实体比例投影法。

④ 边坡稳定专家系统

工程地质领域最早研制出的专家系统是用于地质勘查的专家系统 Propecter，由斯坦福大学于 20 世纪 70 年代中期完成。另外，MIT 在 80 年代中期研制的测井资料咨询的专家系统也得到成功的应用。在国内，许多单位正在进行研制，并取得了很多的成果。专家系统使得一般工程技术人员在解决工程地质问题时能像有经验的专家给出比较正确的判断并作出结论，因此，专家系统的应用为工程地质的发展提供了一条新思路。

（2）定量评价方法

实质是一种半定量的方法，虽然评价结果表现为确定的数值，但最终判定仍依赖人为的判断。目前，所有定量的计算方法都是基于定性方向之上。

① 极限平衡法

极限平衡法在工程中应用最为广泛，该方法以莫尔—库仑抗剪强度理论为基础，将滑坡体划分为若干条块，建立作用在这些条块上的力的平衡方程式，求解安全系数。该方法没有像传统的弹、塑性力学那样引入应力—应变关系来求解本质上为静不定的问题，而是直接对某些多余未知量作假定，使得方程式的数量和未知数的数量相等，因而使问题变得静定可解。根据边坡破坏的边界条件，应用力学分析的方法，对可能发生的滑动面，在各种荷载作用下进行理论计算和抗滑强度的力学分析。通过反复计算和分析比较，对可能的滑动面给出稳定性系数。刚体极限平衡分析方法很多，在处理上，各种条分法还在以下几个方面引入简化条件：a. 对滑裂面的形状作出假定，如假定滑裂面形状为折线、圆弧、对数螺旋线等；b. 放宽静力平衡要求，求解过程中仅满足部分力和力矩的平衡要求；c. 对多余未知数的数值和分布形状做假定。该方法比较直观、简单，对大多数边坡的评价结果比较令人满意。该方法的关键在于对滑体的范围和滑面的形态进行分析，正确地选用滑面计算参数，正确地分析滑体的各种荷载。基于该原理的方法很多，如条分法、圆弧法、Bishop 法、Janbu 法、不平衡传递系数法等。

目前，刚体极限平衡方法已经从二维发展到目前的三维。有关边坡稳定三维极限平衡方法，已有众多文献介绍研究成果。

② 数值分析方法

主要是利用某种方法求出边坡的应力分布和变形情况，研究岩体中应力和应变的变化过程，求得各点上的局部稳定系数，由此判断边坡的稳定性。主要有以下几种：

a. 有限单元法（FEM）

该方法是目前应用最广泛的数值分析方法。其解题步骤已经系统化，并形成了很多通用的计算机程序。其优点是部分地考虑了边坡岩体的非均质、不连续介质特征，考虑了岩体的应力、应变特征，因而可以避免将坡体视为刚体、过于简化边界条件的缺点，能够接近实际地从应力、应变分析边坡的变形破坏机制,对了解边坡的应力分布及应变位移变化很有利。其不足之处是:数据准备工作量大,原始数据易出错,不能保证整个区域内某些物理量的连续性;对解决无限性问题、应力集中问题等其精度比较差。

b. 边界单元法(BEM)

该方法只需对已知区的边界极限离散化,因此具有输入数据少的特点。由于对边界极限离散,离散化的误差仅来源于边界,区域内的有关物理量是用精确的解析公式计算的,故边界元法的计算精度较高,在处理无限域方面有明显的优势。其不足之处为:一般边界元法得到的线性方程组的关系矩阵是不对称矩阵,不便应用有限元中成熟的对稀疏对称矩阵的系列解法。另外,边界元法在处理材料的非线性和严重不均匀的边坡问题方面,远不如有限元法。

c. 离散单元法(DEM)

由 Cundall(1971)首先提出,该方法利用中心差分法解析动态松弛求解,为一种显式解法,不需要求解大型矩阵,计算比较简便,其基本特征在于允许各个离散块体发生平动、转动甚至分离,弥补了有限元法或边界元法的介质连续和小变形的限制。因此,该方法特别适合块裂介质的大变形及破坏问题的分析。其缺点是计算时步需要很小,阻尼系数难以确定等。

离散单元法可以直观地反映岩体变化的应力场、位移场及速度场等各个参量的变化,可以模拟边坡失稳的全过程。

d. 块体理论(BT)

由 Goodman 和 Shi(1985)提出,该方法利用拓扑学和群论评价三维不连续岩体稳定性。其建立在构造地质和简单的力学平衡计算的基础上。利用块体理论能够分析节理系统和其他岩体不连续系统,找出沿规定临空面岩体的临界块体。块体理论为三维分析方法,随着关键块体类型的确定,能找出具有潜在危险的关键块体在临空面的位置及其分布。块体理论不提供大变形下的解答,能较好地应用于选择边坡开挖的方向和形状。

近代理论计算分析是将土力学、岩石(岩体)力学、弹塑性力学、断裂力学、损伤力学等多种力学和数学计算方法应用于边坡稳定性的定量评价和预测。量化分析涉及稳定性计算、失稳时间预报、稳定空间预测等。

实践证明,任何计算方法的成功都必须建立在深入查明原型特征和作出符合实际情况的演化机制分析的基础之上。

2. 边坡的防治措施

(1) 防治原则

边坡的治理应根据工程措施的技术可能性和必要性、工程措施的经济合理性、工程措施的社会环境特征与效应,并考虑工程的重要性及社会效应来制定具体的整治方案。防治原则应以防为主,及时治理。

(2) 防治措施

常用的防治措施可归纳如下:

① 消除和减轻地表水和地下水的危害

a. 防止地表水入浸滑坡体。可采取填塞裂缝和消除地表积水洼地、用排水天沟截水或在滑坡体上设置不透水的排水明沟或暗沟,以及种植蒸腾量大的树木等措施。

b. 对地下水丰富的滑坡体可在滑体周界 5 m 以外设截水沟和排水隧洞,或在滑体内设支撑盲沟和排水孔、排水廊道等。

② 改变边坡岩土体的力学强度

提高边坡的抗滑力、减小滑动力以改善边坡岩土体的力学强度,常用措施有:

a. 削坡及减重反压:对滑坡主滑段可采取开挖卸荷、降低坡高或在坡脚抗滑地段加荷反压等措施,这样有利于增加边坡的稳定性,但削坡一定要注意有利于降低边坡有效高度并保护抗力体。

b. 边坡加固:边坡加固的方法主要有修建支挡建筑物(如抗滑片石垛、抗滑桩、抗滑挡墙等)、护面、锚固及灌浆处理等。支护结构由于对山体的破坏较小,而且能有效地改善滑体的力学平衡条件,故为目前用来加固滑坡的有效措施之一。

上述边坡变形破坏的防治措施,应根据边坡变形破坏的类型、程度及其主要影响因素等,有针对性地选择使用。实践证明,多种方法联合使用,处理效果更好。如常用的锚固与支挡联合,喷混凝土护面与锚固联合使用等。

3. 边坡处理的一般方法

对于潜在的大规模岩石滑坡,应当加强观察,确定它们的特性和估计它们的危险性。潜在的岩石滑坡,一方面可用仪器来监视;另一方面可通过边坡的表面现象来判断分析,例如,树木斜生,孤立的岩石开始滚动或滑动,坡脚局部失稳等都是可能发生滑坡的预兆。

(1)用混凝土填塞岩石断裂部分

岩体内的断裂面往往就是潜在的滑动面。用混凝土填塞断裂部分就消除了滑动的可能。在填塞混凝土以前,应当将断裂部分的泥质冲洗干净,这样,混凝土与岩石可以良好地结合。有时还应当将断裂部分加宽,再进行填塞。这样既清除了断裂面表面部分的风化岩石或软弱岩石,又使灌注工作容易进行。

(2)锚栓或预应力锚索加固

在不安全岩石边坡的工程地质测绘中,经常发现岩体的深部岩石较坚固,不受风化的影响,足以支持不稳定的和某种危险状况的表层岩石。在这种情况下,采用锚栓或预应力锚索进行岩石锚固,很为有利。

一般采用抗拉强度很高的钢杆来锚固岩石,其道理是很明显的。钢质构件既可以是剪切螺栓的形式,垂直用于潜在剪切面,也可以用作预拉锚栓加固不稳定岩石。过去锚栓的防锈存在严重的问题,但是目前已经取得了重大的进展。

(3)用混凝土挡墙或支墩加固

在山区修建大坝、水电站、铁路和公路而进行开挖时,天然或人工的边坡,经常需要防护,以免岩石坍滑。在很多情况下,不能用额外的开挖放缓边坡来防止岩石的滑动,而应当采用混凝土挡墙或支墩,这样可能比较经济。

边坡工程设计与加固的顺应性与协调性准则:

判断一处边坡是否安全,取决于对边坡所处自然环境与地形、地质环境的了解程度,以及能否把握住保持边坡安全的基本条件(或主导因素)。这个问题在地形地质情况复杂的地区更显突出、重要。

改造自然的第一条基本准则是"顺应",即充分利用自然界造就出来的稳定状态(简称稳态)条件,改造那些处于非稳态的自然条件使之处于新的稳态。

边坡工程设计与加固的顺应性与协调性准则所体现的基本思路是岩土工程问题需要从

大局着眼,判断区域性环境对局部环境的主控成分(要素),然后对各类问题逐一进行调查并作出结论或拟定"顺应"条件。人工边坡是否遵循了顺应性准则,其参比识别标志是所谓的稳态坡形。处于稳定状态的自然边坡,是经历地质历史时期形变场、渗流场、热流场、化学场以及地表侵蚀等多种改造作用综合调整的结果,所以它是识别稳态坡形的第一依据坡形。

4. 边坡的设计与支护思路

顺应性与协调性准则的实质是要充分利用自然界自身的稳定条件,改造不稳定部分,使边坡长期处于稳定状态。依山就势和因地制宜,可以说是实施顺应性与协调性准则的具体体现。自然界是一个复杂系统,既有稳定成分也有不稳定成分,随着时间的推移,原来稳定的成分还会转化成为不稳定成分,或者说人类活动的干扰会加速这类转化。所谓地质灾害或环境地质问题,是以人类的生存条件(环境)为主体而定义的。如何防止或避免这类环境地质问题即构成边坡设计的基本思路。

环境地质问题起因于以下三个方面:

一是地形、地质环境中的不稳定成分直接转化为环境地质问题。比如,若一条公路穿越变形中的崩滑体,该崩滑体终会失稳。而这一趋势是客观存在的,公路建设会加速变形进程但不是导致其失稳的直接原因。

二是人类的工程活动诱发新的地质问题发生。比如堆积在倾斜面的坡积层在自然状态下是稳定的,但将其长距离开挖至基岩面时,坡积层即开始变形甚至大面积下滑。当边坡揭露地下水面时也会出现类似的地质问题。

三是诸如地震等或然性事件诱发坡体变形、失稳等。地震所引起的崩、滑即属这一类。

5. 边坡的设计与支护基本要素

(1) 岩质边坡

地形要素:诱发新的地质问题,首先是由于对原有地形的改造,特别是在山区。要使改造后的地形仍然处于稳定状态,人工边坡的设计参比坡形就是该部位的自然稳态坡形。

地层岩性要素:从岩石类型可以推断边坡的变形、失稳型式。

① 结晶岩宽厚风化层(壳)沿冲沟两侧岸坡的局部性崩塌,南方多成"崩岗"地形。

② 石灰岩除了含夹层顺向坡可以发生滑移性失稳外,多呈现为崩塌或被溶隙切割而形成的分割块体的倾倒、倾滑以及空间挠曲、压裂等。

③ 砂、泥岩交互层主要表现为泥岩风化、侵蚀而导致上覆砂岩坐落(滑),故多呈台阶型地形。

④ 泥岩基本上是发生风化剥蚀、水土流失或泥石流;当其被深大冲沟切割时,两冲沟间岩体风化、松弛后有可能发生较大体积岩体滑移。

⑤ 膨润土、蒙脱石等亲水矿物必然成为坡体变形、失稳控制层,在地层产状近水平的地区也是如此。

地质构造要素:

① 地层产状近水平坡体的变形、失稳主控界面是平行江河、沟谷的垂直裂隙同层面的组合,变形体的规模取决于侧向(垂直江河、沟谷)界面的间距。当下伏亲水矿物层或易风化层时,变形、失稳规模可达几百万甚至几千万立方米。

② 顺向坡当地层层面倾向江河时,顺层(面)的变形、失稳是基本型式,而变形、失稳规模的控制参数是层间摩擦角(f)同岩层倾斜角(α_s)两者的关系,即变形、失稳条件是:

$a_\mathrm{s} > f$。

③ 反向坡当地层倾向山体时，坡作的变形、失稳控制界面是反倾向（即倾向江河）裂隙同层面的组合。在低刚度砂、泥岩交互层中呈现为坠溃型失稳。

④ 斜切坡坡体的变形、失稳型式及规模取决于走向裂隙与倾向裂隙产状同层面产状之间的相互关系，在高刚度岩体中呈现为局部性崩塌，在低刚度岩体中可形成一定规模的崩滑或坠溃。

（2）土质边坡

① 冲洪积层变形、失稳控制层是层间粉细砂（即易液化层）、淤泥以及膨润土；当边坡切穿地下水面时，地下水渗出部位往往是边坡失稳的起跳部位。

② 倾斜面上的崩坡积层这类层位需要特别谨慎，基岩面往往是地下水循环带，一旦揭露地下水必将导致大面积变形、失稳。

③ 崩滑体：崩滑体首先必须论证其今后的演化趋势，分别论证浅层失稳与整体性失稳的条件。在对崩滑体的整体稳态进行充分论证之后，具体研究建筑物位置或公路线路。不同于冲洪积层，崩滑体多疏松、架空，故边坡工程必须考虑土体的固结问题。崩滑体要按物质结构进行分区并利用以碎块石为主体的区域，回避以泥土为主体的部位，因为崩滑体的后期改造主要出现在这类部位。

④ 地表地下水除了地震和大药量爆破等不合理的人类活动干扰外，影响边坡和崩滑体稳定的第一因素是水，故对地表水和地下水研究进而建立渗流场模型，是边坡工程和崩滑体治理工程的第一任务。

（3）边坡的支护

基本上从以下三个方面考虑：

① 对坡体上已经出现的松动带的处理。实际上所有人工边坡都注意到了这个问题。故多采用挂网喷浆、锚固、清除等多种手段进行治理。

② 不使人工边坡导致坡体出现新的松动域。这个问题主要出现在深挖而且涉及初始地应力场边坡中。在这类场合，首先要进行地应力场研究，然后进行弹塑性有限元分析，大体评估可能的应力松弛带及其规模并用变形监测数据进行反分析。同有限元分析结果相比较，依次修正分析模型，最后推断可能的变形量量级与应力松弛带的规模，以作为锚固设计依据。在这一分析中，还要进行独立运动块体的判断甚至离散元分析，以确定局部补强方案。

③ 不使人工边坡改变坡体初始渗流场。该问题的难度较大，特别是地下水排水系统设计，主要是由于初始渗流场情况不明了。岩体渗流场模型的建立依据主要是断层、劈理带、裂隙密集带以及松动、风化带等集水构造或部位的空间展布格局，然后进行水文地质钻探与试验，以获取必要的渗流场参数。故治理措施基本上是地表排水，人工边坡要及时挂网喷浆进行保护。

四、实验步骤

（1）定性分析是在工程地质勘查工作的基础上，对边坡岩体变形破坏的可能性及破坏类型进行初步判断。

（2）定量分析是在定性分析的基础上，应用一定的计算方法对边坡岩体进行稳定性计算及定量评价。

（3）提出边坡工程的设计与加固实验方案。

五、实验报告要求

实验报告内容包括：实验目的、实验原理、实验仪器与设备、实验步骤、实验方案设计、实验思考题的回答等内容。本实验，学生在征得实验指导教师同意后可以论文、设计等方式撰写实验报告。

实验报告中有关专业班级、学生姓名、学号、实验项目名称、实验指导教师等信息应完整且准确无误。

六、思考题

随着数学方法的发展和计算机技术的进步，边坡稳定性分析方法有哪些新的进展？

第十五章　机构运动方案创新实验

一、实验目的

（1）掌握根据机器或机构模型绘制机构运动简图的基本技能。

（2）通过自己设计组装机构运动方案进一步加深理解机构的组成原理，熟悉构件和运动副的代表符号、机构自由度的含义及自由度的计算。

（3）通过实验了解机构运动简图与实际机械结构的区别。

（4）掌握机构运动方案的选择与组合。

二、实验仪器、设备

（1）测绘用各种机构实物模型。

（2）测量用尺、分规、铅笔及草稿纸。

（3）机构运动创新实验台。

三、实验原理

机器和机构都是由若干构件及运动副组合而成的。而机构的运动是由原动件的运动规律、连接各构件的运动副类型和机构的运动尺寸（即各运动副间相对位置尺寸）来决定的。因此，在绘制机构运动简图时，可以撇开构件的形状和运动副的具体构造，而用一些简单的线条来代替构件，常用构件的表示法如图 15-1 所示。用规定的符号代表运动副，并按一定的比例尺表示运动副的相对位置，以此表明机构的运动特征，常用运动符号见表 15-1。

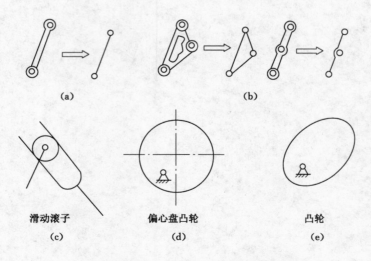

(a)　　　　　　　　　　　(b)

滑动滚子　　　　　　　偏心盘凸轮　　　　　　　凸轮
(c)　　　　　　　　　　(d)　　　　　　　　　　(e)

图 15-1　构件的表示法

表 15-1　　　　　　　　　　　　　　常用运动符号

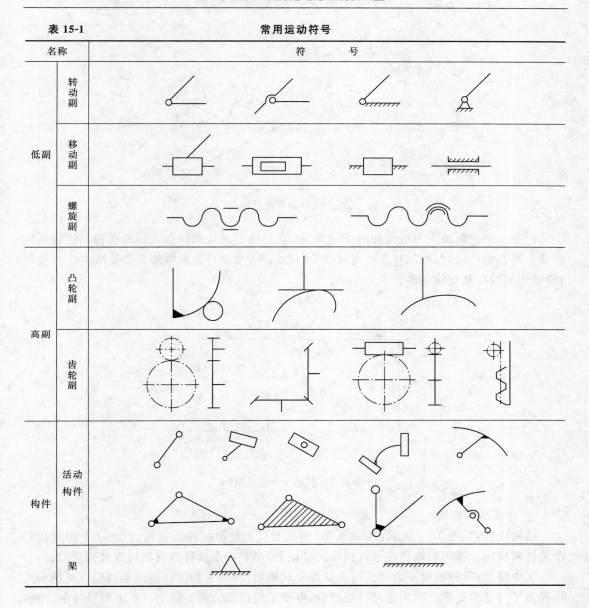

名称		符 号
低副	转动副	
	移动副	
	螺旋副	
高副	凸轮副	
	齿轮副	
构件	活动构件	
	架	

四、实验内容

（1）选择相应的构件，组合 2 种工程机构模型为研究对象，并进行机构运动简图的绘制；参考机构有如下几种，也可以自行组装其他机构。

① 蒸汽机机构

如图 15-2 所示，1-2-3-8 组成曲柄滑块机构，8-1-4-5 组成曲柄摇杆机构，5-6-7-8 组成摇杆滑块机构。曲柄摇杆机构与摇杆滑块机构串联组合。滑块 3、7 做往复运动并有急回特性。适当选取机构运动学尺寸，可使两滑块之间的相对运动满足协调配合的工作要求。

② 自动车床送料机构

结构说明：由凸轮与连杆组合而成的机构。

工作特点：一般凸轮为主动件，能够实现较复杂的运动。

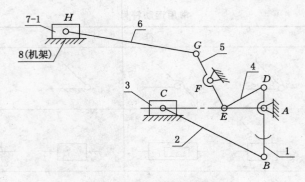

图 15-2　蒸汽机机构

　　自动车床送料及进刀机构如图 15-3 所示,由平底直动从动件盘状凸轮机构与连杆机构组成。当凸轮转动时,推动杆 5 往复移动,通过连杆 4 与摆杆 3 及滑块 2 带动从动件 1(推料杆)做周期性往复直线运动。

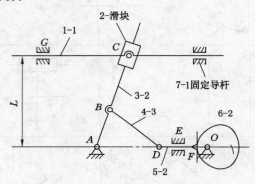

图 15-3　自动车床送料机构

　　③ 冲压送料机构

　　结构说明:如图 15-4 所示,1-2-3-4-5-9 组成导杆摇杆滑块冲压机构,1-8-7-6-9 组成齿轮凸轮送料机构。冲压机构是在导杆机构的基础上,串联一个摇杆滑块机构组合而成的。

　　工作特点:导杆机构按给定的行程速度变化系数设计,它和摇杆滑块机构组合可达到工作段近于匀速的要求。适当选择导路位置,可使工作段压力角 α 较小。在工程设计中,按机构运动循环图确定凸轮工作角和从动件运动规律,则机构可在预定时间将工件送至待加工位置。

　　④ 铸锭送料机构

　　结构说明:如图 15-5 所示,滑块为主动件,通过连杆 2 驱动双摇杆 ABCD,将从加热炉出料的铸锭(工件)送到下一工序。

　　工作特点:图中粗实线位置为炉铸锭进入装料器 4 中,装料器 4 即为双摇杆机构 ABCD 中的连杆 BC,当机构运动到虚线位置时,装料器 4 翻转 180°把铸锭卸放到下一工序的位置。主动滑块的位移量应控制在避免出现该机构运动死点(摇杆与连杆共线时)的范围内。

　　⑤ 插齿机主传动机构

　　结构说明及工作特点:如图 15-6 所示为多杆机构,可使它既具有空回行程的急回特性,

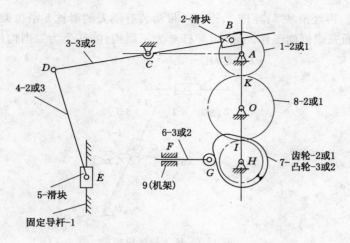

图 15-4　冲压送料机构

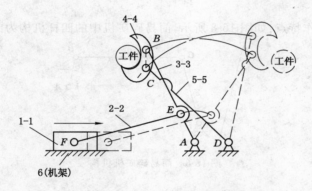

图 15-5　铸锭送料机构

又具有工作行程的等时性。应用于插齿机的主传机构是一个六杆机构,利用此六杆机构可使插刀在工作行程中得到近于等速的运动。

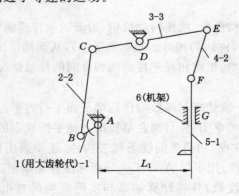

图 15-6　插齿机主传动机构

⑥ 刨床导杆机构

结构说明及工作特点:如图 15-7 所示,牛头刨头的动力是由电机经胶带、齿轮传动使曲柄 1 绕轴 A 回转,再经滑块 2、导杆 3、连杆 4 带动装有刨刀的滑枕 5 沿机架 6 的导轨槽做往复直线运动,从而完成刨削工作。显然,导杆 3 为三副构件,其余为二副构件。

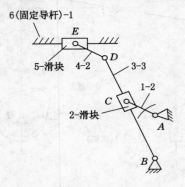

6(固定导杆)-1

图 15-7　刨床导杆机构

⑦ 碎矿机机构

结构说明及工作特点:如图 15-8 所示,简易碎矿机中的四杆机构为曲柄摇杆四杆机构。

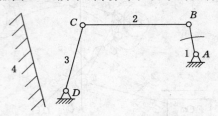

图 15-8　简易碎矿机机构

(2) 分析所画各机构的构件数、运动副类型和数目,计算机构的自由度,并验证它们是否具有确定的运动。

(3) 进行机构的结构分析。

五、实验步骤

(1) 确定组成机构的构件数:缓慢转动机构,沿着运动传递的线路仔细看清各构件间的相对运动(有些相互连接构件间的相对运动非常微小),从而确定组成机构的构件数目。

(2) 确定运动副的类型:根据相互连接的两构件间的接触情况及相对运动特点,确定各个运动副的类型。

(3) 选定视图平面:一般选择与多数构件运动平面平行的平面为视图平面。

(4) 绘制机构示意图的草图:凭目测在草稿纸上徒手按规定的运动副代表符号,从原动件开始,按各构件的连接次序,用简单的线条代表构件,逐步画出机构示意图的草图。用数字 1,2,3…分别标注各构件,用字母 A,B,C…分别标注各运动副。

(5) 计算机构的自由度数,并将计算结果与实际机构的自由度相对照,观察两者是否相符。

机构自由度的计算公式:

$$F = 3n - 2P_1 - P_h \tag{15-1}$$

式中　n——活动构件的数目;

P_1——低副的数目;

P_h——高副的数目。

（6）测量机构运动尺寸:对转动副测量回转中心间的相对尺寸;对移动副测量导路方向线和与其有关的其他运动副间的相对尺寸。

（7）选取适当的比例尺。

（8）绘制机构运动简图:按一定的比例尺,用制图仪器画成正式的机构运动简图。

六、实验报告要求

要求写出实验目的、实验仪器与设备、相应实验原理、详细的实验步骤。

七、实验注意事项

（1）实验前认真阅读实验指导书并且预习相关知识。

（2）自备实验所需的文具用品。

（3）实验中注意安全,有棱角的工具使用时不要对着人,以免造成人身伤害。

（4）不得随意搬弄实验设备,爱护设备和仪器。各种机构在移动时轻拿轻放。

（5）认真完成实验,实验结果必须经指导教师审阅。

（6）实验后归还所借工具,做好整理和清洁工作。

（7）实验报告按规定格式填写,凡实验或报告不合格者一律重做或补写。

八、思考题

（1）何为机构运动简图? 机构运动简图有什么用途? 一个正确的机构运动简图应能说明哪些内容?

（2）机构自由度的计算对测绘机构运动简图有何帮助?

（3）绘制机构运动简图,原动件的位置是否可以任意确定?若任意确定会不会影响简图的正确性?

（4）怎样选择机构运动的平面才是正确的?

参 考 文 献

[1] 刘鸿文. 材料力学[M]. 北京:高等教育出版社,2011.

[2] 张喜斌,王相波,于大光. 工程力学[M]. 北京:北京交通大学出版社,2009.

[3] 杨可桢,程光蕴,李仲生. 机械设计基础[M]. 北京:高等教育出版社,2013.

[4] 申永胜. 机械原理教程[M]. 北京:清华大学出版社,2005.

[5] 杜计平,孟宪锐. 采矿学[M]. 徐州:中国矿业大学出版社,2014.

[6] 钱鸣高,石平五,许家林. 矿山压力与岩层控制[M]. 徐州:中国矿业大学出版社,2010.

[7] 王德明. 矿井通风与安全[M]. 徐州:中国矿业大学出版社,2012.

[8] 东兆星,刘刚. 井巷工程[M]. 徐州:中国矿业大学出版社,2007.

[9] 胡绍祥,李守春. 矿山地质学[M]. 徐州:中国矿业大学出版社,2003.

[10] 李增学. 煤矿地质学[M]. 北京:煤炭工业出版社,2013.

[11] 朱真才,杨善国,韩振铎. 采掘机械与液压传动[M]. 徐州:中国矿业大学出版社,2011.

[12] 高井祥. 测量学[M]. 徐州:中国矿业大学出版社,2016.

[13] 刘佑荣,吴立,贾洪彪. 岩体力学实验指导书[M]. 武汉:中国地质大学出版社,2008.

[14] 束秀梅,李华南,罗媛媛. 流体力学实验教学改革与实践[J]. 实验室研究与探索,2011,
30(7):310-312.

[15] 陈伟文. 开放实验室培养学生创新能力[J]. 实验室研究与探索,2007,26(5):130-132.

[16] 刘洁. 采煤机虚拟实操设备在安全技能培训中的应用[J]. 机械工程师,2012(5):
80-82.

[17] 李国. 隧道及地下工程 FLAC 解析方法[M]. 北京:中国水利水电出版社,2009.

[18] 唐春安,徐曾和,徐小荷. 岩石破裂过程分析 RFPA2D 系统在采场上覆岩层移动规律
研究中的应用[J]. 辽宁工程技术大学学报(自然科学版),1999,21(5):456-458.

[19] 刘吉波,廉旭刚,戴华阳,等. 基于 UDEC 的岩层与地表移动动态模拟研究[J]. 煤矿开
采,2014,19(3):104-107.

[20] 刘乔,郑建华,何世平. 机构组合原理在机构拼接实验教学中的应用[J]. 实验室科学,
2012,15(1):124-127.

[21] 李卫兵,杜玉杰,王彩凤. 开放式创新实验室建设的探索与实践[J]. 实验科学与技术,
2009(6):86-88.